# Primo 4

MATHEMATIK
ARBEITSHEFT


**Herausgegeben von**
**Prof. Dr. Marianne Grassmann**

**Erarbeitet von**
Beate Bruns
Marianne Grassmann
Sigrid Kirchmann
Martina Klunter
Birgitt May-Hansen
Susanne Ponge
Uta Porsch
Monika Raudies
Brigitte Romeiser
Gisela Talkenberg
Ute Veith



SCHROEDEL

# Primo 4

## MATHEMATIK

Mathematisches Unterrichtswerk für die Grundschule

## 4. Schuljahr · Arbeitsheft


Herausgegeben von
Prof. Dr. Marianne Grassmann

**Erarbeitet von**
Beate Bruns, Marianne Grassmann, Sigrid Kirchmann, Martina Klunter, Birgitt May-Hansen, Susanne Ponge, Uta Porsch, Monika Raudies, Brigitte Romeiser, Gisela Talkenberg und Ute Veith in Zusammenarbeit mit der Verlagsredaktion Mathematik

Rechnung soll im Schülerheft durchgeführt werden.

Achtung: Hier sind Aufgaben versteckt, die nicht lösbar oder falsch gelöst sind.

Lösungen der Aufgaben als Selbstkontrolle. Eine Zahl bleibt immer übrig.

Das Werk enthält eine Differenzierung auf 3 Niveaustufen:

- leichte Aufgaben, Wiederholung
- Grundkurs
- erhöhter Schwierigkeitsgrad

# Inhaltsverzeichnis


Das habe ich in Klasse 3 gelernt .................. 1 – 6

Zum Denken, Knobeln und Rechnen .................... 7

Unterwegs zur Zehntausend ...................... 8 – 9

Der Zahlenstrahl ................................ 10 – 13

Problemaufgabe .......................................... 12

Längen ............................................ 14 – 15

Rechnen bis 10 000 ............................. 16 – 18

Wahrnehmung .............................................. 19

Sachaufgaben verstehen ........................ 20 – 21

Flächen und Muster ............................... 22 – 24

Unterwegs zur Hunderttausend ................. 25 – 26

Unterwegs zur Million ............................. 27 – 28

Der Zahlenstrahl ................................... 29 – 30

Runden ........................................................ 31

Rechnen bis 1 000 000 .......................... 32 – 34

Flächeninhalt und Umfang ....................... 35 – 37

Zum Denken, Knobeln und Rechnen ................. 38

Einsteins Rechenschieber ................................. 39

Addieren und Subtrahieren ...................... 40 – 41

Im Kopf oder schriftlich? ................................. 42

Gewicht ............................................. 43 – 44

Sachaufgaben – Skizzen ......................... 45 – 46

Problemaufgabe .......................................... 46

Multiplizieren mit großen Zahlen ................ 47 – 50

Quadernetze ............................................... 51

Baupläne ............................................ 52 – 53

Rauminhalt ......................................... 54 – 55

Wahrnehmung ............................................. 56

Multiplizieren mit großen Zahlen ................ 57 – 59

Multiplizieren mit Kommazahlen ....................... 60

## Inhaltsverzeichnis


Zum Denken, Knobeln und Rechnen ................ 61

Vielfache und Teiler ................................ 62

Gleichungen und Ungleichungen ..................... 63

Zeit/Fahrplan ............................... 64 – 65

Länge und Zeit ...................................... 66

Preisvergleiche ....................................... 67

Halbschriftliches Dividieren ..................... 68 – 69

Schriftliches Dividieren ........................ 70 – 72

Problemaufgabe ...................................... 70

Der Maßstab ................................... 73 – 75

Orientieren ........................................... 76

Diagramme ..................................... 77 – 78

Dividieren mit Rest ................................ 79

Rechnen mit Kommazahlen ..................... 80 – 81

Zum Denken, Knobeln und Rechnen ................ 82

Sachaufgaben ................................. 83 – 84

Was muss ich noch üben? ........................ 85 – 88

Merkheft ....................................... 89 – 92

# Das habe ich in Klasse 3 gelernt

**1** Schreibe die Zahlen in die Stellentafel.

a)

| | H | Z | E |
|---|---|---|---|
| siebenhundertdreizehn | | | |
| $4 \cdot 100 + 3 \cdot 10 + 7 \cdot 1$ | | | |
| vierhundertfünfzehn | | | |
| vierhundertfünzig | | | |
| $7 \cdot 100 + 4 \cdot 1$ | | | |
|  | | | |

b)

| | H | Z | E |
|---|---|---|---|
| $9 \cdot 100 + 7 \cdot 10 + 3 \cdot 1$ | | | |
| neunhundertdrei | | | |
| 9 H 3 E | | | |
|  | | | |
| neunhundertneunzig | | | |
|  | | | |

**2** Aus dem Heft der 1000. Trage die fehlenden Zahlen ein.

a)

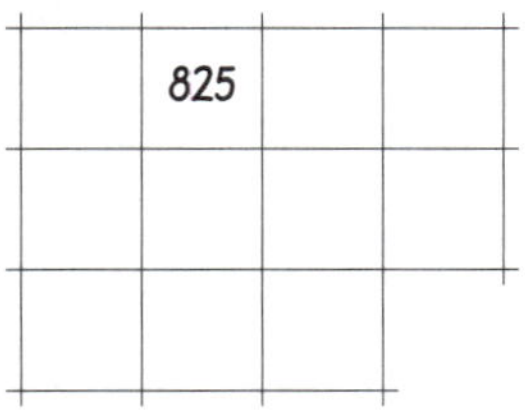


b)

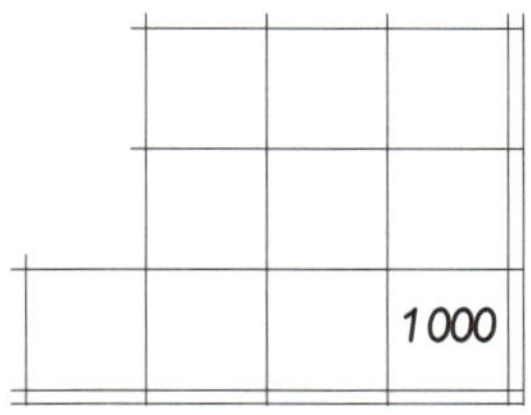


c)

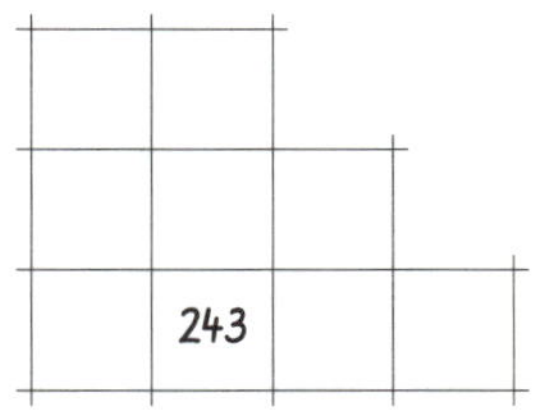


**3** Bei welchen Zahlen stehen die Fähnchen?

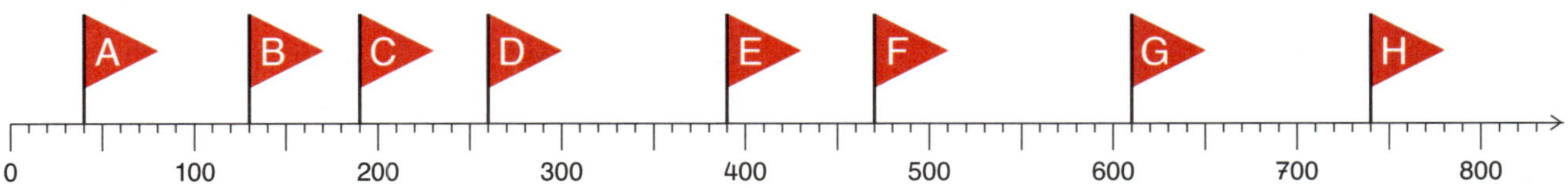


A = _____ B = _____ C = _____ D = _____ E = _____ F = _____ G = _____ H = _____

**4**

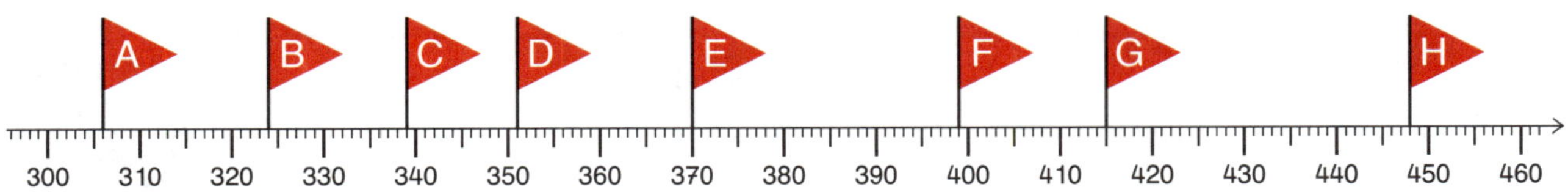


A = _____ B = _____ C = _____ D = _____ E = _____ F = _____ G = _____ H = _____

**5** Trage die Nachbarzahlen ein.

a) _____ < 438 < _____  b) _____ < 700 < _____  c) _____ < 250 < _____

_____ < 702 < _____  _____ < 900 < _____  _____ < 399 < _____

_____ < 910 < _____  _____ < 790 < _____  _____ < 178 < _____

_____ < 666 < _____  _____ < 563 < _____  _____ < 589 < _____

**6** Trage die Nachbarzehner ein. Kreise den nächstgelegenen Nachbarzehner ein.

a) _____ < 121 < _____  b) _____ < 742 < _____  c) _____ < 649 < _____

_____ < 94 < _____  _____ < 999 < _____  _____ < 333 < _____

_____ < 478 < _____  _____ < 257 < _____  _____ < 587 < _____

# Das habe ich in Klasse 3 gelernt

**1** Finde viele passende Plusaufgaben.

a) 1 000 b) 1 000 c) 700 d) 900

**2** a) 200 + 300 = ______ b) 700 − 200 = ______ c) 400 + 600 = ______

400 + 500 = ______ 900 − 300 = ______ 200 + 700 = ______

700 + 300 = ______ 1 000 − 500 = ______ 800 − 300 = ______

600 + 100 = ______ 800 − 700 = ______ 600 − 400 = ______

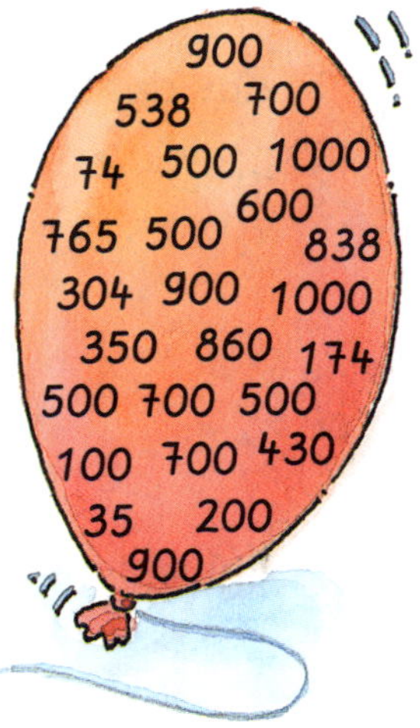


**3** Auch das geht noch im Kopf.

a) 238 + 300 = ______ b) 674 − 600 = ______ c) 350 + 350 = ______

405 + 360 = ______ 735 − 700 = ______ 430 + 430 = ______

638 + 200 = ______ 849 − 149 = ______ 700 − 350 = ______

450 + 450 = ______ 634 − 330 = ______ 860 − 430 = ______

**4** Fülle die Tabellen aus.

a)

| + | 5 | 8 | 9 | 15 |
|---|---|---|---|---|
| 413 | | | | |
| 205 | | | | |
| 363 | | | | |
| 819 | | | | |

b)

| − | 5 | 8 | 9 | 15 |
|---|---|---|---|---|
| 705 | | | | |
| 914 | | | | |
| 320 | | | | |
| 496 | | | | |

**5** Kennst du einen Rechentrick?

a) 433 + 199 = ______ b) 923 − 199 = ______ c) 187 + 398 = ______

299 + 153 = ______ 685 − 599 = ______ 423 − 199 = ______

324 + 599 = ______ 724 − 399 = ______ 974 − 298 = ______

**6** Welche Aufgaben sind am Rechenstrich gezeigt?

a)

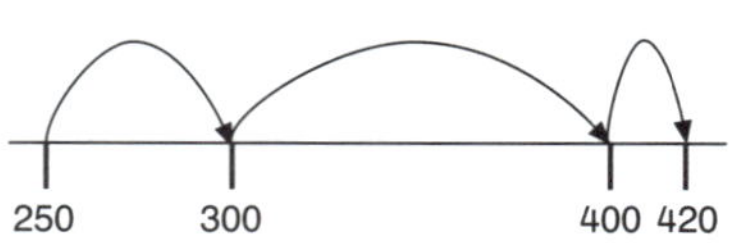


______________________

b)

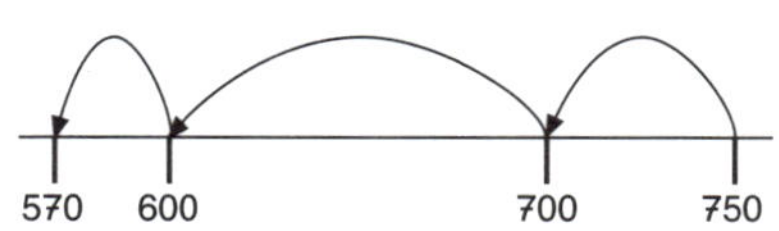


______________________

# Das habe ich in Klasse 3 gelernt

**1** Fülle die Zahlenmauern aus.

a)

b)

c)

**2**

a)

b)

c)

**3**

a) 123 + 543

b) 345 + 665

c) 678 + 287

d) 367 + 465

e) 234 + 432

**4**

a) 765 − 567

b) 987 − 689

c) 432 − 123

d) 765 − 456

e) 987 − 678

f) 543 − 345

g) 407 − 328

h) 620 − 387

i) 738 − 69

j) 808 − 190

k) 209 − 94

l) 374 − 36

**5** Im Kopf oder schriftlich? Gib nur das Ergebnis an.

703 − 697 = ______

348 + 202 = ______

297 + 486 = ______

643 − 199 = ______

408 − 293 = ______

637 + 363 = ______

602 − 596 = ______

**6**

a) 4□8 + □32 = 69□

b) 1□7 + □3□ = 401

c) 7□4 − □3□ = 199

d) 63□ − □25 = 0□8

e) □63 − 3□□ = 387

# Das habe ich in Klasse 3 gelernt

**1** Nele kauft 3 Bleistifte und einen Tuschkasten.
Tim kauft 2 Hefte und einen Füller.
Jan kauft 5 Bleistifte und einen Radiergummi.

a) Wie viel Euro müssen die Kinder bezahlen?

Nele: ______ € Tim: ______ € Jan: ______ €

b) Wie viel Geld bekommen sie zurück, wenn jeder mit einem 10-Euro-Schein bezahlt?

Nele: ______ € Tim: ______ € Jan: ______ €

**2** Wie spät ist es dann?

a)
12.35 Uhr —1 h 12 min→ __________ Uhr
8.53 Uhr —2 h 27 min→ __________ Uhr
16.21 Uhr —2 h 49 min→ __________ Uhr
18.39 Uhr —4 h 25 min→ __________ Uhr

b)
9.44 Uhr —3 h 27 min→ __________ Uhr
12.27 Uhr —1 h 43 min→ __________ Uhr
7.23 Uhr —4 h 31 min→ __________ Uhr
17.57 Uhr —3 h 36 min→ __________ Uhr

**3** a) Tina fährt um 12.48 Uhr in Münster los und ist um 19.15 Uhr in Stuttgart. Wie lange dauert die Fahrt?

______________________________

b) Anna kommt um 16.39 in Hamburg an. Sie war 2 h und 17 min unterwegs. Wann ist sie losgefahren?

______________________________

c) Britta fährt um 18.29 Uhr ab. Die Fahrt dauert 1 h 45 min. Wann kommt sie in Hamburg an?

______________________________

**4**

| a) | b) | c) | d) |
|---|---|---|---|
| 735 cm = _____ m | 2,52 m = _____ cm | 1,2 cm = _____ mm | $\frac{1}{2}$ m = _____ cm |
| 117 cm = _____ m | 4,09 m = _____ cm | 4,7 cm = _____ mm | $\frac{1}{4}$ m = _____ cm |
| 205 cm = _____ m | 6,55 m = _____ cm | 2,3 cm = _____ mm | $\frac{1}{2}$ cm = _____ mm |
| 450 cm = _____ m | 1,5 m = _____ cm | 9,5 cm = _____ mm | 1 dm = _____ cm |

**5**

| a) | b) | c) | d) |
|---|---|---|---|
| 2 h = _____ min | 3 min = _____ s | 120 s = _____ min | $\frac{1}{4}$ h = _____ min |
| 5 h = _____ min | 10 min = _____ s | 300 s = _____ min | $\frac{1}{2}$ h = _____ min |
| 12 h = _____ min | 12 min = _____ s | 600 s = _____ min | $\frac{1}{4}$ min = _____ s |

# Das habe ich in Klasse 3 gelernt

**1** Wer löst die Aufgaben am schnellsten?

| a) | b) | c) | d) |
|---|---|---|---|
| 7 · 9 = ______ | 4 · 9 = ______ | 2 · 9 = ______ | 5 · 5 = ______ |
| 4 · 8 = ______ | 9 · 6 = ______ | 7 · 4 = ______ | 6 · 6 = ______ |
| 7 · 6 = ______ | 8 · 8 = ______ | 6 · 8 = ______ | 7 · 7 = ______ |
| 8 · 5 = ______ | 7 · 8 = ______ | 6 · 7 = ______ | 9 · 9 = ______ |

**2**

| a) | b) | c) | d) |
|---|---|---|---|
| 24 : 6 = ______ | 18 : 3 = ______ | 45 : 9 = ______ | 36 : 9 = ______ |
| 48 : 8 = ______ | 28 : 4 = ______ | 81 : 9 = ______ | 42 : 6 = ______ |
| 54 : 9 = ______ | 35 : 5 = ______ | 56 : 8 = ______ | 25 : 5 = ______ |
| 63 : 7 = ______ | 36 : 6 = ______ | 49 : 7 = ______ | 45 : 5 = ______ |
| 64 : 8 = ______ | 35 : 7 = ______ | 60 : 6 = ______ | 56 : 7 = ______ |

**3** Vom Einmaleins zum Rechnen mit Zehnerzahlen.

| a) | b) | c) | d) |
|---|---|---|---|
| 6 · 30 = ______ | 5 · 80 = ______ | 7 · 30 = ______ | 30 · 4 = ______ |
| 7 · 40 = ______ | 5 · 90 = ______ | 8 · 40 = ______ | 70 · 7 = ______ |
| 8 · 50 = ______ | 5 · 100 = ______ | 9 · 30 = ______ | 80 · 8 = ______ |
| 9 · 60 = ______ | 5 · 50 = ______ | 3 · 90 = ______ | 90 · 9 = ______ |
| 10 · 70 = ______ | 5 · 60 = ______ | 0 · 80 = ______ | 50 · 6 = ______ |

**4**

| a) | b) | c) | d) |
|---|---|---|---|
| 270 : 3 = ______ | 420 : 7 = ______ | 280 : 4 = ______ | 400 : 5 = ______ |
| 270 : 30 = ______ | 420 : 70 = ______ | 280 : 7 = ______ | 400 : 50 = ______ |
| 350 : 7 = ______ | 560 : 8 = ______ | 280 : 40 = ______ | 640 : 8 = ______ |
| 350 : 70 = ______ | 560 : 80 = ______ | 280 : 70 = ______ | 640 : 80 = ______ |

**5** Wie viel Euro muss Frau Schulte bezahlen?

a)

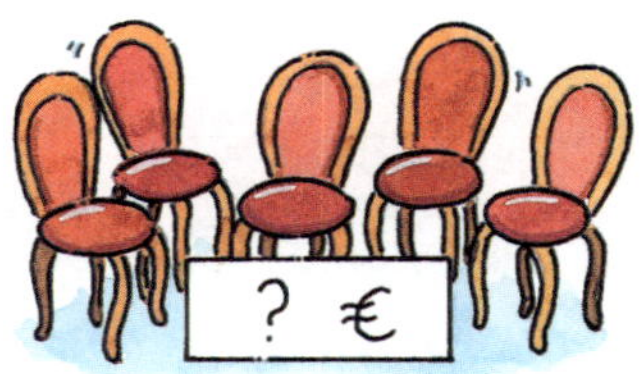


*Frau Schulte muss ______ € bezahlen.*

b)

*Frau Schulte muss ______ € bezahlen.*

# Das habe ich in Klasse 3 gelernt

**1** Rechne schrittweise.

a) 7 · 16 = ______
7 · 10 = ______
7 · 6 = ______

b) 9 · 15 = ______

c) 8 · 17 = ______

d) 6 · 19 = ______

**2** Rechne auf deinem Weg.

5 · 72 = ______ 6 · 38 = ______ 7 · 49 = ______ 5 · 72 = ______

**3**

a) 4 · 14 = ______
3 · 17 = ______
6 · 16 = ______
8 · 12 = ______

b) 4 · 91 = ______
7 · 63 = ______
9 · 49 = ______
6 · 25 = ______

c) 34 · 4 = ______
43 · 7 = ______
52 · 9 = ______
71 · 5 = ______

d) 62 · 5 = ______
79 · 3 = ______
48 · 4 = ______
99 · 7 = ______

**4** Rechne schrittweise.

a) 224 : 4 = ______
200 : 4 = ______
24 : 4 = ______

b) 315 : 3 = ______

c) 448 : 4 = ______

d) 161 : 7 = ______

**5**

a) 248 : 4 = ______
396 : 6 = ______
294 : 7 = ______
279 : 3 = ______
125 : 5 = ______

b) 516 : 6 = ______
648 : 9 = ______
475 : 5 = ______
364 : 4 = ______
225 : 9 = ______

c) 328 : 8 = ______
164 : 4 = ______
651 : 7 = ______
258 : 6 = ______
175 : 7 = ______

**6**

a)

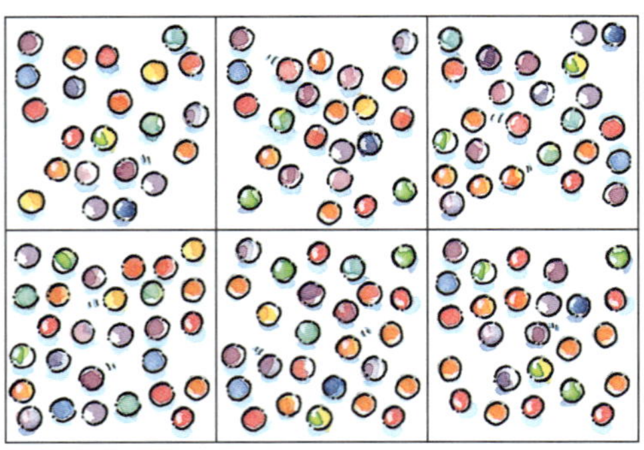

Es sind ungefähr ______ Murmeln.

b)

Es sind ungefähr ______ Fische.

# Zum Denken, Knobeln und Rechnen

**1** a) Suche in der Hundertertafel zwei Zahlen, die nebeneinander liegen und die Summe 57, 77, … ergeben.

___ + ___ = 57 ___ + ___ = 111

___ + ___ = 77 ___ + ___ = 120

b) Suche in der Hundertertafel zwei Zahlen, die untereinander stehen und die Summe 94, 114, … ergeben.

___ + ___ = 94 ___ + ___ = 104

___ + ___ = 114 ___ + ___ = 180

c) Addiere immer zwei Zahlen, die untereinander stehen. Fällt dir etwas auf?

Mir ist aufgefallen, ______________________________

| | | | | | | | | | |
|---|---|---|---|---|---|---|---|---|---|
| 1 | 2 | 3 | 4 | 5 | 6 | 7 | 8 | 9 | 10 |
| 11 | 12 | 13 | 14 | 15 | 16 | 17 | 18 | 19 | 20 |
| 21 | 22 | 23 | 24 | 25 | 26 | 27 | 28 | 29 | 30 |
| 31 | 32 | 33 | 34 | 35 | 36 | 37 | 38 | 39 | 40 |
| 41 | 42 | 43 | 44 | 45 | 46 | 47 | 48 | 49 | 50 |
| 51 | 52 | 53 | 54 | 55 | 56 | 57 | 58 | 59 | 60 |
| 61 | 62 | 63 | 64 | 65 | 66 | 67 | 68 | 69 | 70 |
| 71 | 72 | 73 | 74 | 75 | 76 | 77 | 78 | 79 | 80 |
| 81 | 82 | 83 | 84 | 85 | 86 | 87 | 88 | 89 | 90 |
| 91 | 92 | 93 | 94 | 95 | 96 | 97 | 98 | 99 | 100 |

**2** Eric hat Dreierquadrate aus der Hundertertafel ausgesucht. Addiere alle Zahlen in einem Dreierquadrat und schreibe die Summe auf.

| | | |
|---|---|---|
| 11 | 12 | 13 |
| 21 | 22 | 23 |
| 31 | 32 | 33 |

Summe: ______

| | | |
|---|---|---|
| 3 | 4 | 5 |
| 13 | 14 | 15 |
| 23 | 24 | 25 |

Summe: ______

| | | |
|---|---|---|
| 6 | 7 | 8 |
| 16 | 17 | 18 |
| 26 | 27 | 28 |

Summe: ______

| | | |
|---|---|---|
| 12 | 13 | 14 |
| 22 | 23 | 24 |
| 32 | 33 | 34 |

Summe: ______

| | | |
|---|---|---|
| 34 | 35 | 36 |
| 44 | 45 | 46 |
| 54 | 55 | 56 |

Summe: ______

**3** Wähle Dreierquadrate aus der Hundertertafel und berechne die Summe der Zahlen.

| | | |
|---|---|---|
| | | |
| | | |
| | | |

Summe: ______

| | | |
|---|---|---|
| | | |
| | | |
| | | |

Summe: ______

| | | |
|---|---|---|
| | | |
| | | |
| | | |

Summe: ______

| | | |
|---|---|---|
| | | |
| | | |
| | | |

Summe: ______

| | | |
|---|---|---|
| | | |
| | | |
| | | |

Summe: ______

**4** a) Wähle ein Dreierquadrat aus. Bestimme die Summe der Zahlen auf den eingezeichneten Linien. Was stellst du fest?

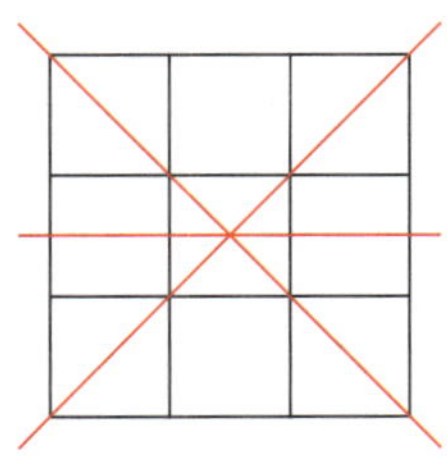

______________________________

b) Vergleiche deine Summe mit der Summe aller Zahlen.

______ ______ ______

______________________________

c) Wie kann man die Summe aller Zahlen einfach berechnen? Findest du eine Möglichkeit?

______________________________

# Unterwegs zur Zehntausend

zu Seite 6

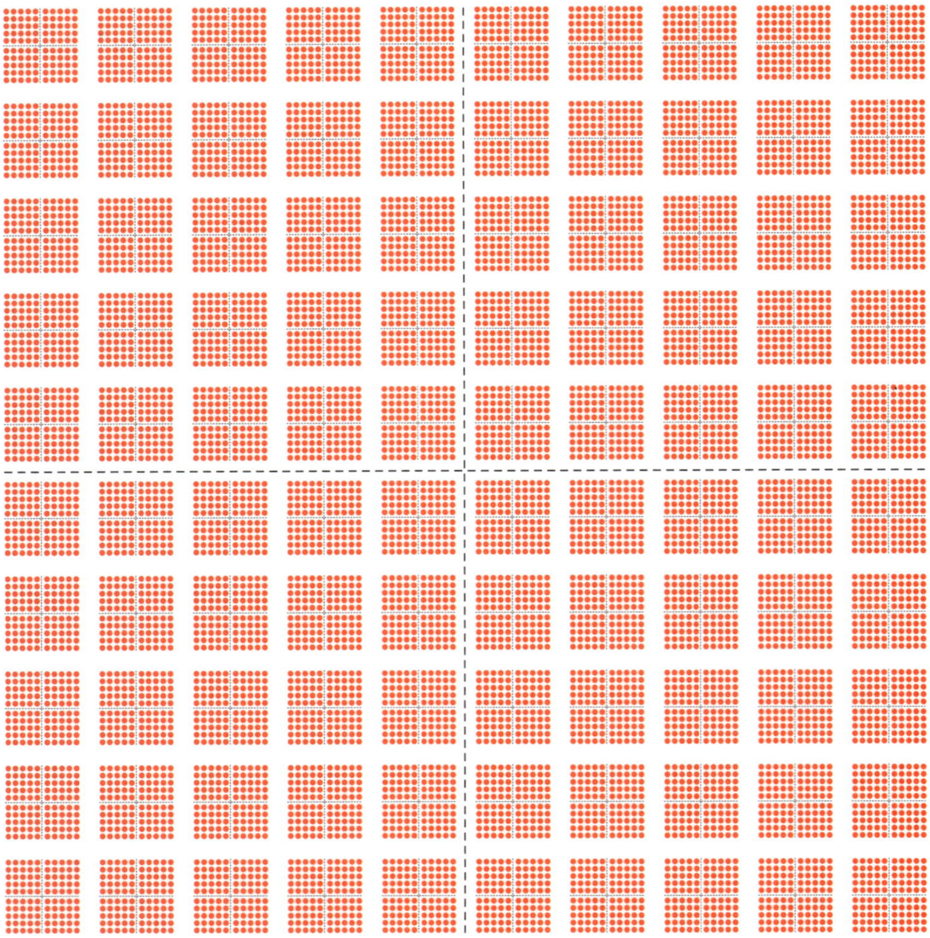

**1** Vergleiche.

a) 1000 ◯ 3000
5000 ◯ 4000
7000 ◯ 9000

b) 6000 ◯ 2000
9000 ◯ 8000
3000 ◯ 5000

c) 6000 ◯ 7000
2000 ◯ 9000
4000 ◯ 8000

d) 8000 ◯ 7000
5000 ◯ 9000
7000 ◯ 6000

e) 4000 ◯ 10000
9000 ◯ 7000
1000 ◯ 10000

**2** Zähle vorwärts und rückwärts.

a) 2500, 3500, ______, ______, ______, ______, 8500
b) 1300, 2300, ______, ______, ______, ______, 7300
c) 3800, 4800, ______, ______, ______, ______, 9800
d) 9400, 8400, ______, ______, ______, ______, 3400
e) 8100, 7100, ______, ______, ______, ______, 2100
f) 9900, 8900, ______, ______, ______, ______, 3900

**3**

a) 2000 + 3000 = ______
4000 + 5000 = ______
1000 + 7000 = ______
2000 + 6000 = ______

b) 4000 + 4000 = ______
3000 + 3000 = ______
5000 + 5000 = ______
2000 + 2000 = ______

c) 8000 + 2000 = ______
3000 + 7000 = ______
6000 + 4000 = ______
9000 + 1000 = ______

**4**

a) 8000 – 2000 = ______
7000 – 4000 = ______
9000 – 7000 = ______
6000 – 3000 = ______

b) 7000 – 6000 = ______
4000 – 3000 = ______
9000 – 2000 = ______
5000 – 4000 = ______

c) 10000 – 2000 = ______
10000 – 7000 = ______
10000 – 5000 = ______
10000 – 9000 = ______

# Unterwegs zur Zehntausend

zu Seite 7

**1** Welche Zahlen hat Einstein hier in Geheimschift gezeichnet?

a)

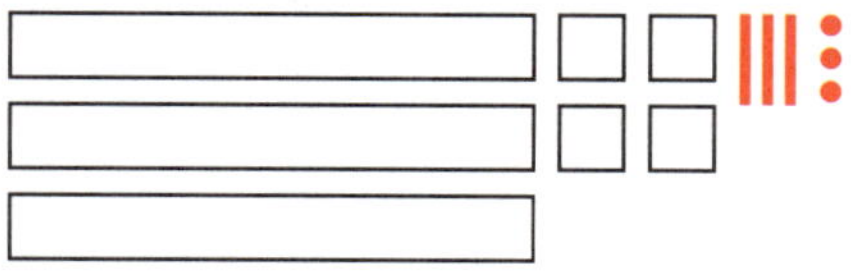

| T | H | Z | E |
|---|---|---|---|
| | | | |

b)

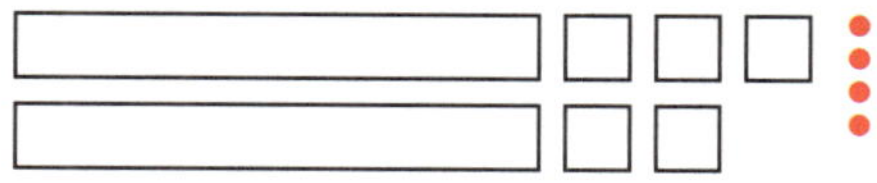

| T | H | Z | E |
|---|---|---|---|
| | | | |

c)

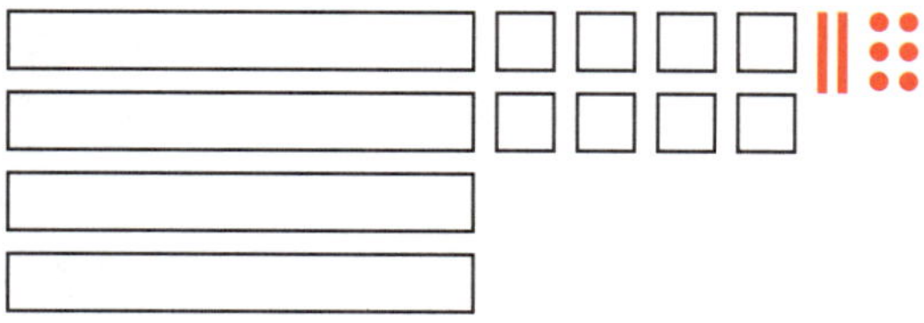

| T | H | Z | E |
|---|---|---|---|
| | | | |

d)

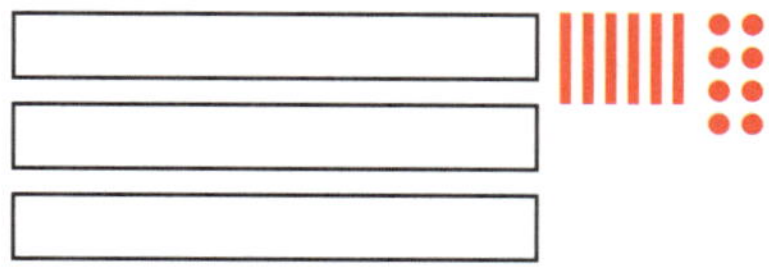

| T | H | Z | E |
|---|---|---|---|
| | | | |

**2** Welche Zahlen sind es?

a) 7 T 3 H 4 Z 1 E ________
8 T 6 H 1 Z 6 E ________
4 T 3 H 9 Z 5 E ________
2 T 9 H 3 Z 8 E ________

b) 9 T 4 H 6 Z 2 E ________
9 T 2 H 4 Z 6 E ________
9 T 6 H 4 Z 2 E ________
6 T 9 H 4 Z 2 E ________

c) 3 T 4 Z 9 E ________
9 T 3 Z 6 E ________
7 T 9 H 8 E ________
1 T 3 H 6 Z ________

**3** Zerlege die Zahlen wie im Beispiel: 3467 = 3 · 1000 + 4 · 100 + 6 · 10 + 7 · 1

a) 1729 = ________________
3421 = ________________
9930 = ________________
6154 = ________________

b) 4067 = ________________
3108 = ________________
6071 = ________________
8709 = ________________

**4** Zerlege.

| T | H | Z | E | |
|---|---|---|---|---|
| 1 | 3 | 7 | 9 | *1000 + 300 +* ________ |
| 2 | 6 | 0 | 4 | ________________ |
| 3 | 1 | 3 | 1 | ________________ |
| 2 | 7 | 1 | 0 | ________________ |

| T | H | Z | E | |
|---|---|---|---|---|
| 2 | 0 | 1 | 4 | ________________ |
| 3 | 1 | 7 | 8 | ________________ |
| 1 | 3 | 7 | 8 | ________________ |
| 1 | 7 | 3 | 8 | ________________ |

**5** Immer zwei Kärtchen gehören zusammen. Färbe mit der gleichen Farbe.

1900 | 5400 | viertausendfünfhundert | 9 T 1 H
zweitausendsechshundert | 5 T 4 H | eintausendneunhundert
9100 | 4 T 5 H | 9100 | neuntausendeinhundert | 2600

zu Seite 8 – 9

# Der Zahlenstrahl

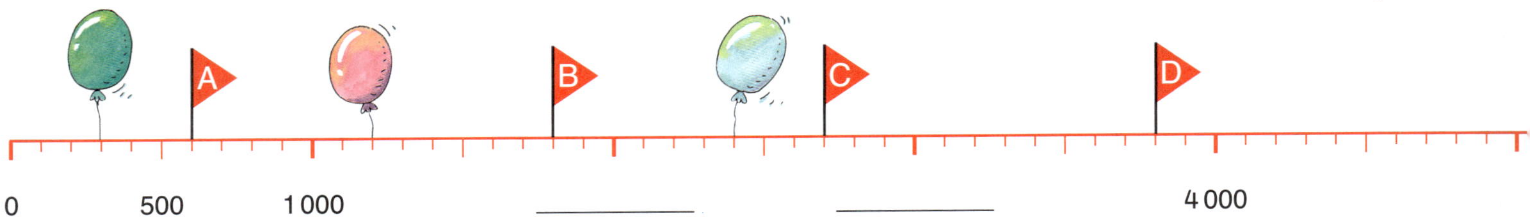


**1** a) Trage die fehlenden Tausenderzahlen ein.
b) Bei welchen Zahlen stehen die Fähnchen?

A: ______ B: ______ C: ______ D: ______

E: ______ F: ______ G: ______ H: ______

c) Schreibe die Buchstaben in die Ballons. Woran denkt Einstein?
T: 2400 E: 7300 F: 300 T: 6600 U: 1200 R: 8900

**2** Zähle in Tausenderschritten vorwärts oder rückwärts.

1100, ______, ______, ______, ______, ______, ______, ______, 9100

1450, ______, ______, ______, ______, ______, ______, ______, 9450

9800, ______, ______, ______, ______, ______, ______, ______, 1800

8650, ______, ______, ______, ______, ______, ______, ______, ______

**3** Jetzt in Hunderterschritten.

a) 1300, ______, ______, ______, ______
4400, ______, ______, ______, ______
8100, ______, ______, ______, ______
5200, ______, ______, ______, ______
7560, ______, ______, ______, ______

b) 3470, ______, ______, ______, ______
6580, ______, ______, ______, ______
2850, ______, ______, ______, ______
4930, ______, ______, ______, ______
6790, ______, ______, ______, ______

**4** Hier ist ein Ausschnitt des Zahlenstrahls vergrößert. Wo stehen die Fähnchen?

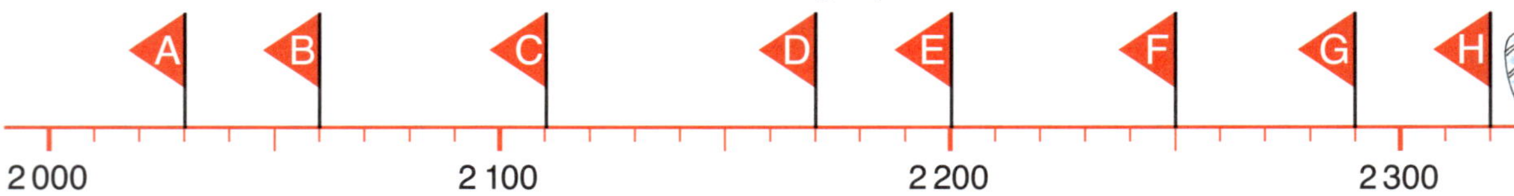

A: ______ B: ______ C: ______ D: ______

E: ______ F: ______ G: ______ H: ______

**5** Hier kann man auch die Einer genau sehen. Welche Zahlen sind es?

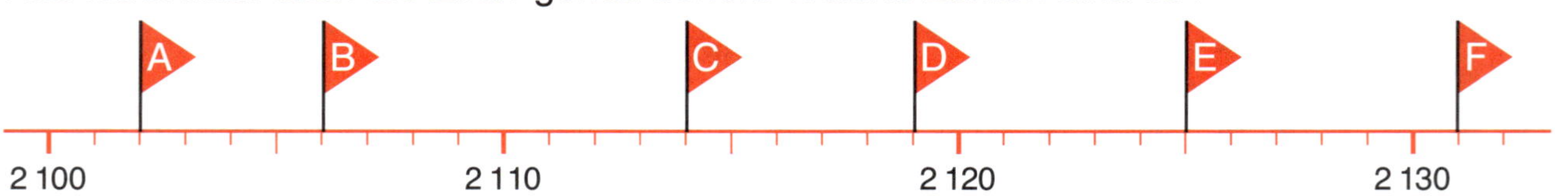


A: ______ B: ______ C: ______ D: ______ E: ______ F: ______

zu Seite 8 – 9

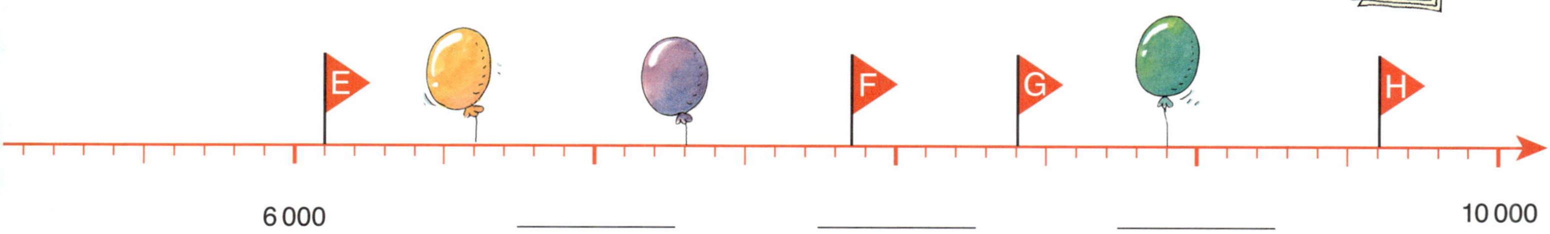


**1** Schreibe Vorgänger (V) und Nachfolger (N) auf.

a)

| V | Zahl | N |
|---|---|---|
| | 5 100 | |
| | 6075 | |
| | 7348 | |
| | 7384 | |
| | 9799 | |

b)

| V | Zahl | N |
|---|---|---|
| | 1299 | |
| | 6999 | |
| | 4000 | |
| | 8001 | |
| | 3689 | |

c)

| V | Zahl | N |
|---|---|---|
| 5000 | | |
| | 3 178 | |
| | | 1220 |
| | | 2679 |
| 7379 | | |

**2** Wie heißen die Nachbarzehner?

a) ______ < 876 < ______ b) ______ < 3278 < ______ c) ______ < 1417 < ______

______ < 1876 < ______ ______ < 9 181 < ______ ______ < 3763 < ______

______ < 5876 < ______ ______ < 6962 < ______ ______ < 7014 < ______

**3** Schreibe die Nachbarhunderter auf. Kreise den nächstgelegenen Hunderter ein.

a) ______ < 249 < ______ b) ______ < 4389 < ______ c) ______ < 4381 < ______

______ < 1249 < ______ ______ < 2941 < ______ ______ < 7279 < ______

______ < 3269 < ______ ______ < 6576 < ______ ______ < 6 110 < ______

______ < 7269 < ______ ______ < 1765 < ______ ______ < 7983 < ______

**4** Wie heißen die Nachbartausender? Kreise den nächstgelegenen Tausender ein.

a) ______ < 1576 < ______ b) ______ < 2476 < ______ c) ______ < 9 104 < ______

______ < 6334 < ______ ______ < 7313 < ______ ______ < 4399 < ______

______ < 7 100 < ______ ______ < 6313 < ______ ______ < 8999 < ______

**5** Welche Zahlen liegen dazwischen? Schreibe immer drei Zahlen auf.

a) 6300 < ■ < 6400 b) 5678 < ■ < 5725

________________ ________________

4795 < ■ < 4850 6897 < ■ < 6957

________________ ________________

3997 < ■ < 4095 8010 < ■ < 8070

________________ ________________

# Der Zahlenstrahl

zu Seite 10

0 1000 2000 3000 4000 5000 6000 7000 8000 9000 10000

**1** Setze ein: < oder >.

| a) | b) | c) | d) |
|---|---|---|---|
| 3400 ◯ 3700 | 2850 ◯ 2580 | 9376 ◯ 9370 | 7397 ◯ 7379 |
| 6800 ◯ 4300 | 1390 ◯ 1930 | 8205 ◯ 8305 | 6136 ◯ 6236 |
| 7900 ◯ 7200 | 7470 ◯ 7370 | 6467 ◯ 6457 | 4683 ◯ 4693 |
| 4100 ◯ 1400 | 8580 ◯ 8860 | 8393 ◯ 8383 | 3106 ◯ 3107 |
| 9600 ◯ 3900 | 4370 ◯ 5370 | 6464 ◯ 7864 | 3293 ◯ 2399 |

**2** Hier ist ein Ausschnitt aus dem Zahlenstrahl. Wo liegen die Zahlen ungefähr?

a) Trage ein: 3159 6870 5179 4095 5750

3000 4000 ____ ____ ____

b) Trage ein: 8840 8010 5270 7570 6490

5000 6000 ____ ____ ____

c) Trage ein: 1255 4877 2450 3730 2970

1000 2000 ____ ____ ____

# Problemaufgabe

In einem Beutel sind 7 Münzen. Eine davon ist falsch, sie ist schwerer als die anderen. Kannst du durch zweimal Wiegen die falsche Münze herausfinden?

# Der Zahlenstrahl

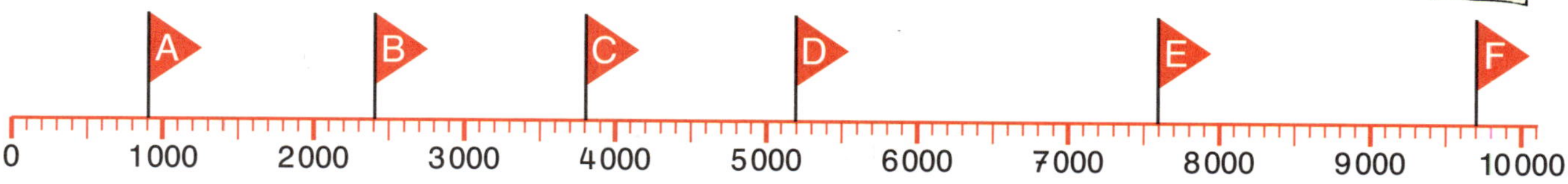


**1** Bei welchen Zahlen stehen die Fähnchen? Wie heißen die Nachbartausender? Wie weit ist es bis zu den Nachbartausendern? Schreibe wie im Beispiel.

A: 900 | B: ______ | C: ______

900 + 100 = 1 000

900 –

D: ______ | E: ______ | F: ______

**2** Rechne immer bis zu dem Nachbartausender, der am nächsten liegt.

a) 3100 – 100 = ______ b) 7700 ______ c) 1200 ______

4600 ______ 9800 ______ 8700 ______

**3**

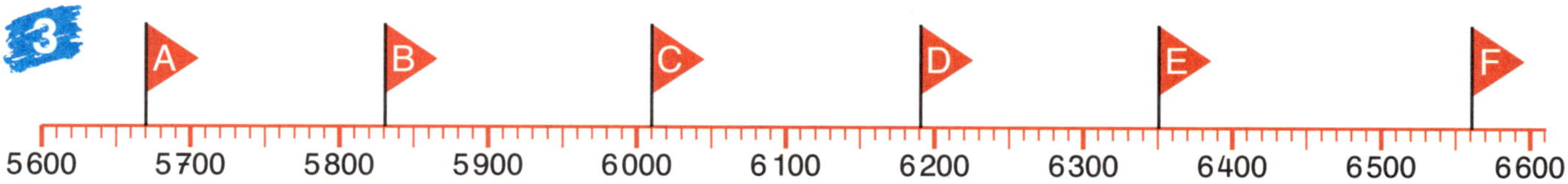


Bei welchen Zahlen stehen die Fähnchen? Wie heißen die Nachbarhunderter? Wie weit ist es bis zu den Nachbarhundertern? Schreibe wie im Beispiel.

A: 5 670 | B: ______ | C: ______

5 670 + 30 = 5 700

5 670 –

D: ______ | E: ______ | F: ______

**4** Rechne immer bis zu dem Hunderter, der am nächsten liegt.

a) 1730 – 30 = ______ b) 6420 ______ c) 3780 ______

2460 ______ 5170 ______ 8040 ______

**5** Vor und zurück zu den Nachbarzehnern.

a) 337 + ______ = ______ b) 4337 + ______ = ______ c) 5997 + ______ = ______

337 – ______ = ______ 4337 – ______ = ______ 5997 – ______ = ______

zu Seite 12 – 13

# Längen

**1** Wie lang sind die Gegenstände? Schätze erst, dann miss genau.

| | Schraube | Nagel | Bleistift | Schlüssel | Kaugummi | Blatt |
|---|---|---|---|---|---|---|
| Geschätzt | | | | | | |
| Gemessen | | | | | | |

**2** Zeichne die Strecken in dein Heft. Schreibe die Längen in Zentimeter mit Komma.

a) 13 mm = ______ cm b) 26 mm = ______ cm c) 3 cm 4 mm = ______ cm
34 mm = ______ cm 40 mm = ______ cm 5 cm 5 mm = ______ cm
46 mm = ______ cm 75 mm = ______ cm 10 cm 5 mm = ______ cm

**3** Färbe gleiche Längen mit gleicher Farbe.

0,5 cm | $2\frac{1}{2}$ cm | 5,2 cm | $\frac{1}{2}$ cm | 52 mm | 2,5 cm | 5 cm 2 mm | 5 mm | 2 cm 5 mm | 25 mm

**4** Trage die Längen in die Stellentafel ein und schreibe sie mit Komma.

a)

| | m | dm | cm | |
|---|---|---|---|---|
| 286 cm | | | | ______ |
| 165 cm | | | | ______ |
| 346 cm | | | | ______ |
| 105 cm | | | | ______ |
| 25 cm | | | | ______ |

b)

| | m | dm | cm | |
|---|---|---|---|---|
| 75 cm | | | | ______ |
| 125 cm | | | | ______ |
| 164 cm | | | | ______ |
| 310 cm | | | | ______ |
| 301 cm | | | | ______ |

**5** Schreibe in Zentimeter. a) $\frac{1}{4}$ m = _____ cm b) 0,7 m = _____ cm c) 0,01 m = _____ cm
$\frac{1}{2}$ m = _____ cm 0,07 m = _____ cm 0,1 m = _____ cm

**6** Färbe gleiche Längen mit gleicher Farbe.

$3\frac{1}{4}$ m | 3,50 m | 375 cm | 350 cm | $3\frac{1}{2}$ m | 3,25 m | 3 m 25 cm | 3,75 m | 325 cm | 3 m 75 cm | 3 m 50 cm

# Längen

zu Seite 12 – 13

**1** Wandle um in Meter.

a) 1 km = ______ m | b) 10 km = ______ m | c) $\frac{1}{2}$ km = ______ m | d) 1 $\frac{1}{2}$ km = ______ m

5 km = ______ m | 7 km = ______ m | $\frac{1}{4}$ km = ______ m | 2 $\frac{1}{4}$ km = ______ m

**2** Wie viel Kilometer und Meter sind es?

| a) | b) | c) |
|---|---|---|
| 1278 m = ___ km ___ m | 2300 m = ___ km ___ m | 1050 m = ___ km ___ m |
| 2395 m = ___ km ___ m | 1750 m = ___ km ___ m | 1005 m = ___ km ___ m |
| 4125 m = ___ km ___ m | 1400 m = ___ km ___ m | 1500 m = ___ km ___ m |
| 3250 m = ___ km ___ m | 1040 m = ___ km ___ m | 2707 m = ___ km ___ m |

**3**

| a) | b) | c) |
|---|---|---|
| 1 km 375 m = ______ m | 1 km 50 m = ______ m | 2 km 125 m = ______ m |
| 4 km 125 m = ______ m | 3 km 5 m = ______ m | 3 km 7 m = ______ m |
| 0 km 750 m = ______ m | 7 km 75 m = ______ m | 5 km 70 m = ______ m |
| 2 km 105 m = ______ m | 4 km 9 m = ______ m | 6 km 30 m = ______ m |

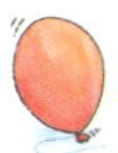
750 m 1050 m 1375 m 2030 m 2105 m 2125 m 3005 m 3007 m 4009 m 4125 m 5070 m 6030 m 7075 m

**4** Schreibe die Längen mit Komma.

| a) | b) | c) |
|---|---|---|
| 1275 m = ______ km | 4105 m = ______ km | 1001 m = ______ km |
| 3125 m = ______ km | 2075 m = ______ km | 2609 m = ______ km |
| 7034 m = ______ km | 1010 m = ______ km | 4070 m = ______ km |

**5**

| a) | b) |
|---|---|
| 1100 m = ______ km | 100 m = ______ km |
| 300 m = ______ km | 10 m = ______ km |
| 975 m = ______ km | 1 m = ______ km |

**6** Hier haben sich vier Fehler eingeschlichen! Schreibe die richtige Lösung auf.

| a) | b) |
|---|---|
| 4 km = 4000 m ________ | 3,250 km = 3025 m ________ |
| 9,5 km = 9005 m ________ | 5,170 km = 5170 m ________ |
| 0,5 km = 5 m ________ | 3,125 km = 3125 m ________ |
| 1,005 km = 1005 m ________ | 3,25 km = 325 m ________ |

**7** Kilometer, Meter, ...? Womit würdest du messen?

| | |
|---|---|
| Länge einer Fliege ________ | Breite einer Straße ________ |
| Höhe eines Hauses ________ | Tiefe eines Sees ________ |
| Höhe eines Berges ________ | Länge eines Radweges ________ |
| Dicke eines Heftes ________ | Entfernung Erde – Mond ________ |

zu Seite 14

# Rechnen bis 10 000

**1**

a) 300 + 600 = ___
560 + 300 = ___
100 + 700 = ___
480 + 300 = ___

b) 800 − 500 = ___
590 − 400 = ___
950 − 800 = ___
730 − 500 = ___

c) 700 − 250 = ___
500 + 410 = ___
600 − 390 = ___
800 − 270 = ___

**2**

a) 3 + 6 = ___
30 + 60 = ___
300 + 600 = ___
3 000 + 6 000 = ___

b) 2 + 4 = ___
20 + 40 = ___
200 + 400 = ___
2 000 + 4 000 = ___

c) 9 − 4 = ___
90 − 40 = ___
900 − 400 = ___
9 000 − 4 000 = ___

d) 7 − 3 = ___
70 − 30 = ___
700 − 300 = ___
7 000 − 3 000 = ___

e) 8 − 6 = ___
80 − 60 = ___
800 − 600 = ___
8 000 − 6 000 = ___

**3** Und jetzt über den Tausender. Rechne auf deinem Weg.

a) 400 + 700 = ___
800 + 500 = ___

b) 2 400 + 700 = ___
3 800 + 500 = ___

c) 4 600 + 600 = ___
1 300 + 900 = ___

d) 1 100 − 300 = ___
1 400 − 600 = ___
1 200 − 500 = ___

e) 2 100 − 300 = ___
4 300 − 700 = ___
7 200 − 400 = ___

f) 6 400 − 800 = ___
9 200 − 500 = ___
8 100 − 600 = ___

**4** Immer 4 Aufgaben.

a)

2 400 + 700 = 3 100
___
___
___

b)

___
___
___
___

c)

___
___
___
___

**5** Für das Handballspiel wurden 2 970 Karten verkauft, 50 Karten werden abends noch verkauft.

___

# Rechnen bis 10 000

zu Seite 14

**1** Auch das ist leicht.

a) 1300 + 900 = ___
1340 + 900 = ___
1345 + 900 = ___

b) 2700 + 600 = ___
2790 + 600 = ___
2795 + 600 = ___

c) 5780 + 500 = ___
6870 + 500 = ___
7979 + 500 = ___

d) 4200 − 600 = ___
4260 − 600 = ___
4266 − 600 = ___

e) 9400 − 700 = ___
9430 − 700 = ___
9437 − 700 = ___

f) 6260 − 400 = ___
8190 − 400 = ___
7346 − 400 = ___

**2**

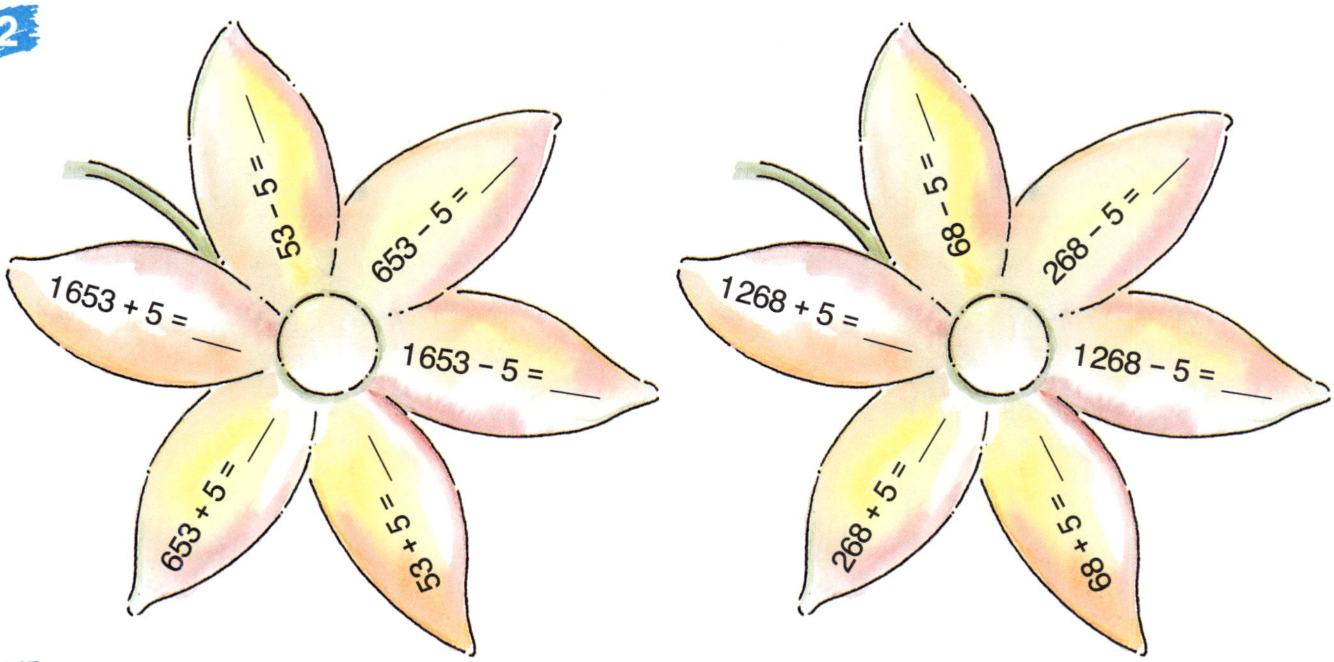


**3** Rund um den Tausender.

a) 3000 + 4 = ___
5000 + 6 = ___
7000 + 9 = ___
1000 + 5 = ___

b) 2000 + 8 = ___
4000 + 7 = ___
1000 − 6 = ___
5000 − 9 = ___

c) 3000 − 8 = ___
9000 − 4 = ___
8000 − 1 = ___
6000 − 6 = ___

**4** a) 3486 + 8 = ___
2978 + 9 = ___
4997 + 7 = ___
7994 + 9 = ___

b) 3998 + 6 = ___
6007 + 9 = ___
9001 − 4 = ___
7003 − 7 = ___

c) 1001 − 6 = ___
4003 − 9 = ___
7006 − 8 = ___
5002 − 5 = ___

**5** a) 2348 + 50 = ___
1493 + 60 = ___
3278 + 40 = ___
8593 + 90 = ___

b) 1998 + 60 = ___
2513 + 50 = ___
3328 + 40 = ___
8643 + 40 = ___

c) 2978 + 70 = ___
3893 + 80 = ___
8788 + 90 = ___
2973 + 60 = ___

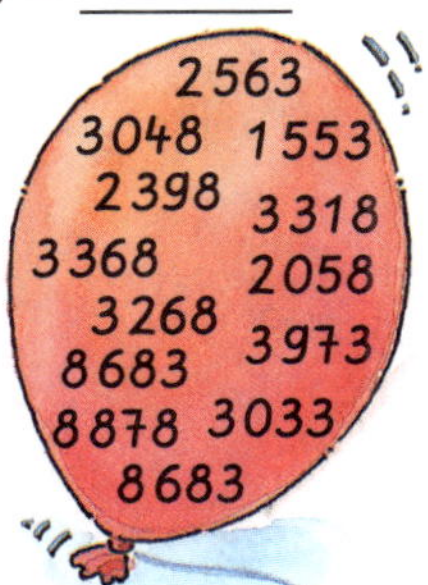

# Rechnen bis 10 000

zu Seite 15

**1** a) 5 · 2 = ______
5 · 20 = ______
5 · 200 = ______
5 · 2000 = ______

b) 2 · 3 = ______
2 · 30 = ______
2 · 300 = ______
2 · 3000 = ______

c) 4 · 2 = ______
4 · 20 = ______
4 · 200 = ______
4 · 2000 = ______

**2** a) 3 · 500 = ______
4 · 900 = ______
5 · 400 = ______
8 · 300 = ______

b) 2 · 600 = ______
7 · 800 = ______
6 · 700 = ______
4 · 800 = ______

c) 3 · 800 = ______
4 · 600 = ______
3 · 900 = ______
9 · 800 = ______

d) 5 · 700 = ______
7 · 500 = ______
9 · 400 = ______
8 · 700 = ______

**3** Denke an die einfache Aufgabe.

a) 1500 : 3 = ______
2800 : 7 = ______
3600 : 4 = ______
7200 : 8 = ______

b) 3600 : 6 = ______
4900 : 7 = ______
6400 : 8 = ______
2500 : 5 = ______

c) 2400 : 6 = ______
1600 : 4 = ______
8100 : 9 = ______
5600 : 7 = ______

**4** Wer kann schon diese Aufgaben? Schreibe deinen Weg auf.

3 · 230 = ______

5 · 250 = ______

4 · 440 = ______

**5** a) 2 · 230 = ______
4 · 250 = ______
8 · 350 = ______

b) 4 · 650 = ______
6 · 250 = ______
7 · 280 = ______

c) 7 · 480 = ______
5 · 250 = ______
8 · 170 = ______

d) 5 · 260 = ______
4 · 540 = ______
8 · 250 = ______

**6** Immer das Doppelte.

| 2000 | 4000 | 3000 | 2500 | 4300 | 3700 | 2800 | 4700 | 3900 |
|---|---|---|---|---|---|---|---|---|
| | | | | | | | | |

**7** Jetzt immer die Hälfte.

| 2000 | 4000 | 6000 | 5000 | 4800 | 5200 | 8400 | 6600 | 9200 |
|---|---|---|---|---|---|---|---|---|
| | | | | | | | | |

**8** a) 2 · 4800 = ______
2 · 1700 = ______
2 · 3400 = ______

b) 2 · 2300 = ______
2 · 3300 = ______
2 · 4300 = ______

c) 3 · 2100 = ______
3 · 1300 = ______
3 · 1500 = ______

# Wahrnehmung

**1** Wo findest du diese Form wieder? Zeichne sie nach.

**2** In jeder Reihe ist eine Figur verändert. Kreise sie ein.

**3** In jedem Bild steckt ein Fehler. Kreise ihn ein.

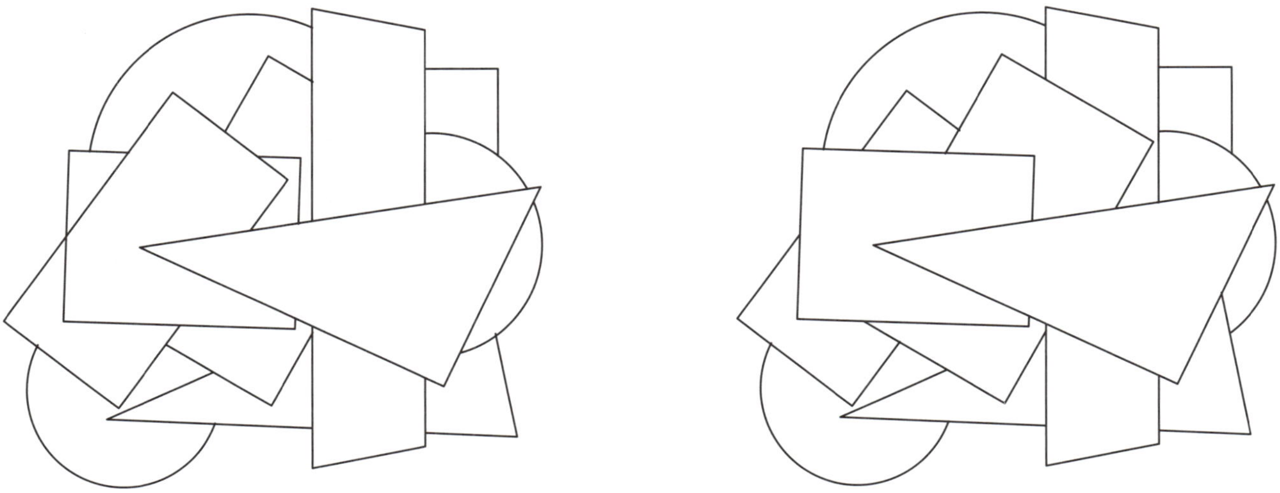

# Sachaufgaben verstehen

zu Seite 16 – 17

**1** Welche Angaben sind wichtig? Löse die Aufgabe.

Lars wohnt in einem Hochhaus mit 8 Stockwerken und 48 Wohnungen.
In jedem Stockwerk wohnen 18 Personen.
Wie viele Personen wohnen im Hochhaus?

**2** Lars wohnt im 4. Stock. Wenn er die Treppen benutzt, muss er insgesamt 72 Stufen steigen. Er nimmt immer zwei Stufen auf einmal. Zu Fuß braucht er 183 s.
Mit dem Fahrstuhl ist er 155 s schneller.

**3** Lars fährt jeden Morgen mit dem Bus zur Schule. Der Bus fährt um 7.40 Uhr los und ist 25 min später an der Schule. Lars wohnt 400 m von der Bushaltestelle entfernt.
Für den Weg dorthin braucht er 7 min.

a) Wann muss er spätestens los gehen?

b) Lars hat verschlafen. Er ist 7 min zu spät an der Bushaltestelle. Er nimmt den nächsten Bus um 7.55 Uhr. Die Schule beginnt um 8.15 Uhr. Schafft er es pünktlich?

# Sachaufgaben verstehen

zu Seite 16 – 17

**1** Wenn du deinen Puls misst, dann misst du die Anzahl deiner Herzschläge. Das Herz eines Kindes schlägt in 15 min ungefähr 1 200-mal. Wenn du dich anstrengst oder dich ganz schnell bewegst schlägt dein Herz schneller, ungefähr 9 000-mal in der Stunde.

a) Wie oft schlägt dein Herz in einer Stunde, wenn du sitzt und dich vorher nicht angestrengt hast?

b) Um wie viele Herzschläge steigt dein Puls in einer Stunde an, wenn du dich angestrengt hast?

**2** Zu Beginn der Sportstunde messen die Kinder ihren Puls.
Anne zählt in einer halben Minute 42 Herzschläge. In einer Minute zählt sie 84 Herzschläge.
Olli zählt 22 Herzschläge in 15 s.
Wer hat den höheren Puls?

**3** Zu Beginn der Sportstunde misst Lars seinen Puls. Er misst 84 Herzschläge in der Minute. Danach läuft er eine Strecke von 50 m so schnell wie er kann. Er braucht 8 s. Er misst wieder seinen Puls und zählt 48 Herzschläge in 15 s.
Um wie viele Herzschläge ist sein Puls in der Minute angestiegen?

# Flächen und Muster

zu Seite 18

**1** a) Zeichne alle geraden Linien, die zu a parallel sind, grün nach.

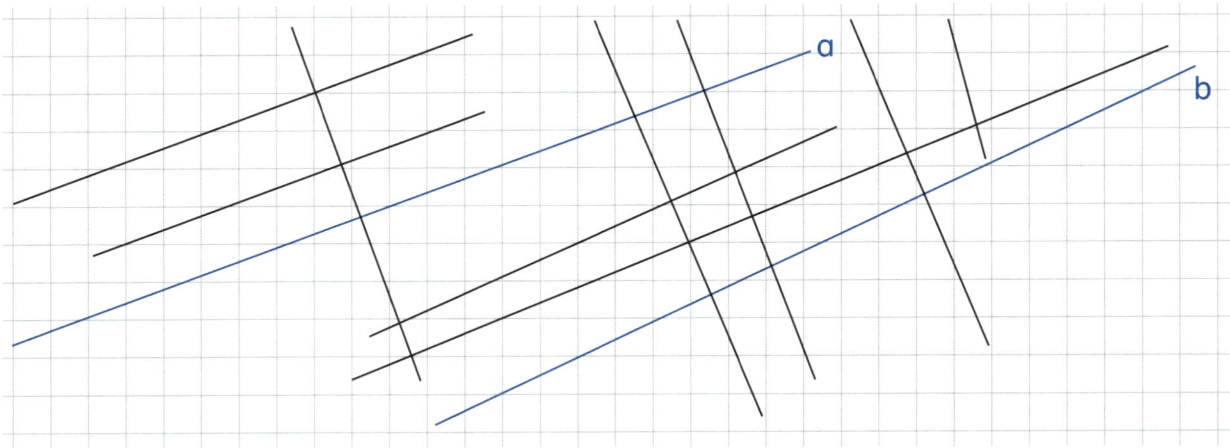


b) Zeichne alle Linien, die zu b senkrecht sind, rot nach.

**2** Zeichne mit dem Geodreieck drei Linien, die zu a parallel sind.
Zeichne drei Linien, die zu a senkrecht sind.

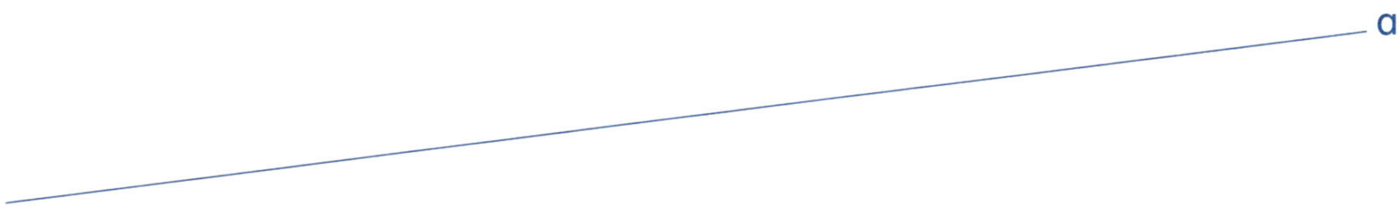


**3** a) Zeichne drei parallele Linien zu a. Sie sollen durch die Punkte A, B und C gehen.

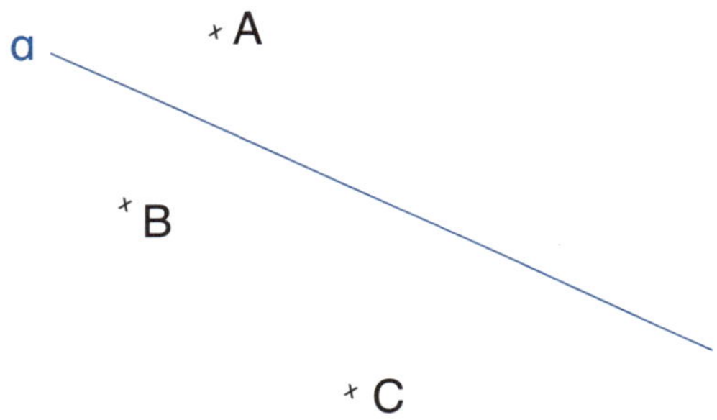


b) Zeichne zu b drei senkrechte Linien. Sie sollen durch die Punkte A, B und C gehen.

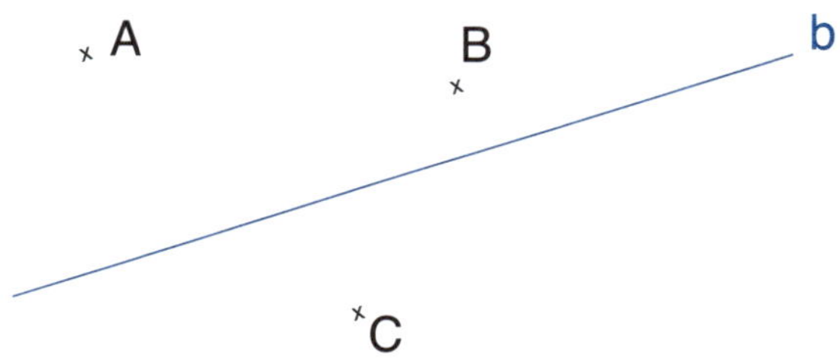


**4** Zeichne zu der Linie a zwei parallele Linien im Abstand von 1,5 cm.
Zeichne senkrechte Linien zu a. Sie sollen durch die markierten Punkte gehen.
Male dann ein schönes Muster.

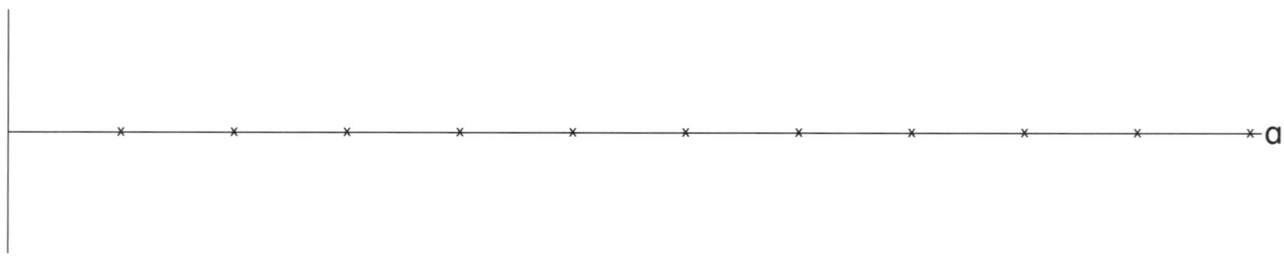

# Flächen und Muster

zu Seite 18

**1** Suche alle rechten Winkel. Male sie bunt an.

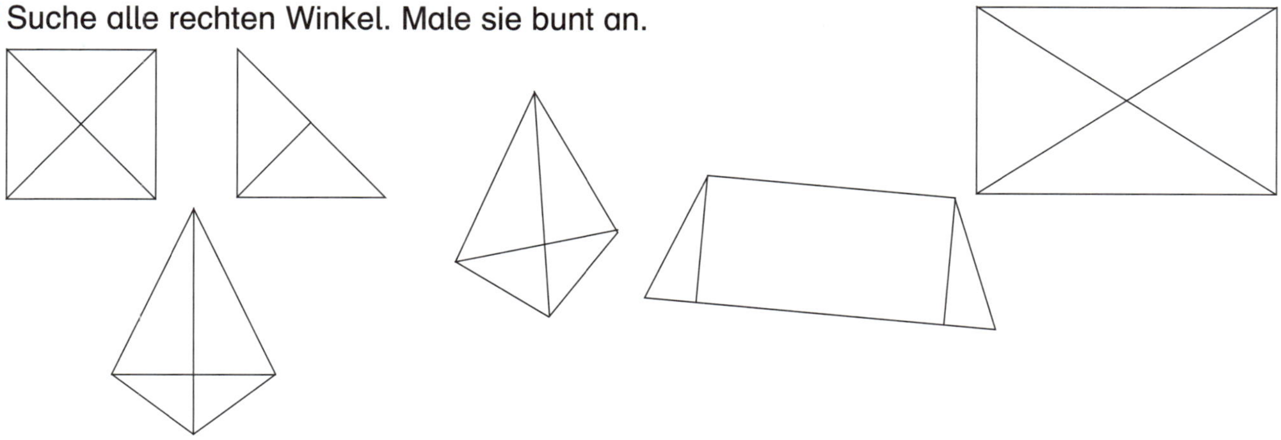

**2** Zeichne Rechtecke. Eine Seite ist immer vorgegeben, die andere soll 2 cm lang sein.

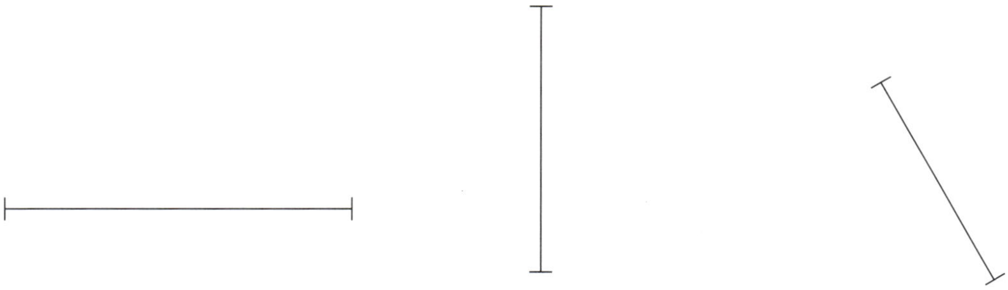

**3** Zeichne Quadrate.

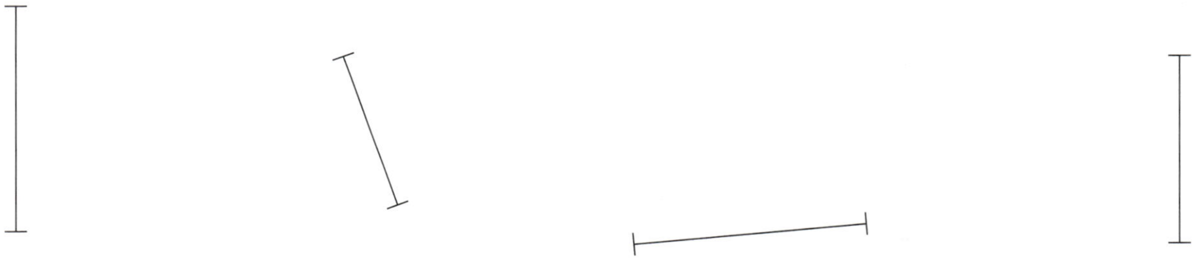

**4** Zeichne in jedes Quadrat senkrechte oder parallele Linien. Es sollen schöne Muster entstehen.

zu Seite 19

# Flächen und Muster

**1** Zeichne einen Radius in jeden Kreis ein und miss die Länge.

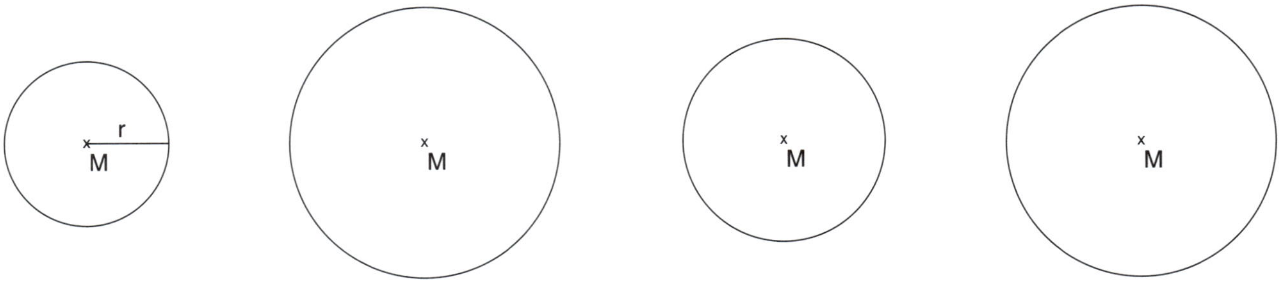


r = ______ mm r = ______ mm r = ______ mm r = ______ mm

**2** a) Zeichne ein Quadrat mit einer Seitenlänge von 4 cm. Dann zeichne den Kreis, der durch alle 4 Eckpunkte geht. Wo liegt der Mittelpunkt?

b) Zeichne ein Quadrat mit einer Seitenlänge von 4 cm. Dann zeichne den Kreis, der alle Seiten des Quadrats berührt. Wo liegt der Mittelpunkt?

**3** a) Zeichne ein Quadrat, 4 cm Seitenlänge. Dann zeichne um jeden Eckpunkt einen Kreis mit 2 cm Radius.

b) Zeichne ein Quadrat, 4 cm Seitenlänge. Dann zeichne um den Mittelpunkt jeder Seite einen Kreis mit 2 cm Radius.

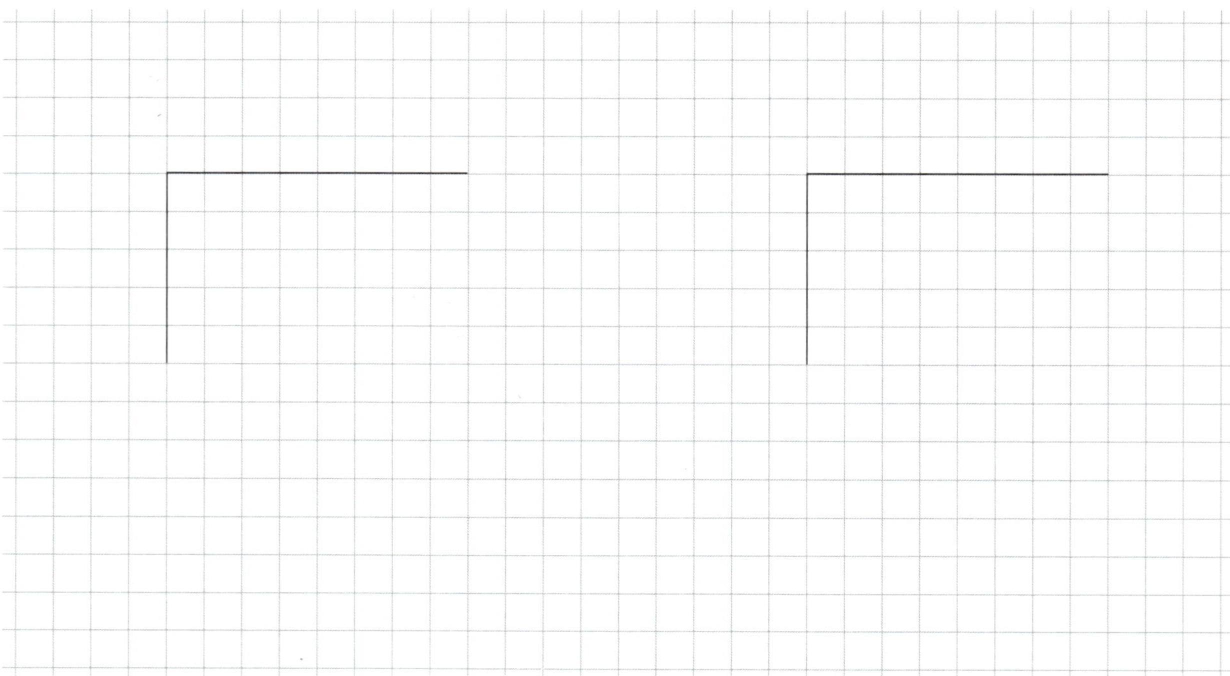

# Unterwegs zur Hunderttausend

zu Seite 20

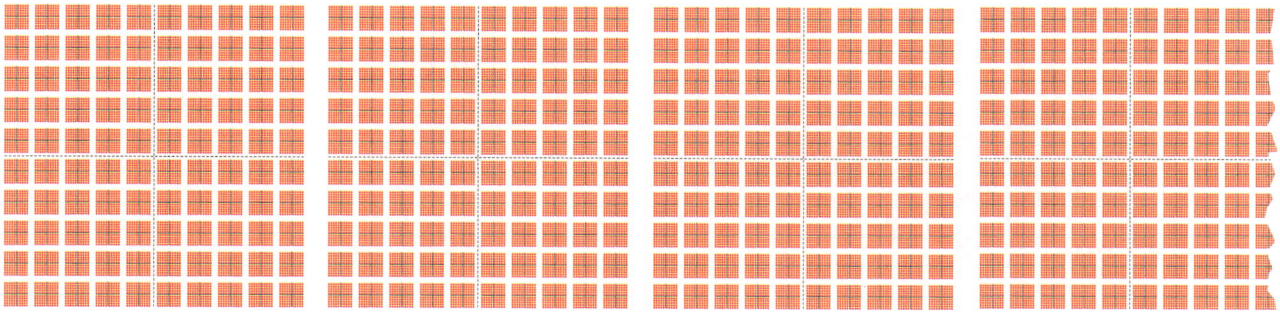

**1** Setze ein: <, > oder =.

a) 20000 ○ 10000
20000 ○ 30000
40000 ○ 10000
50000 ○ 50000

b) 50000 ○ 80000
60000 ○ 30000
90000 ○ 60000
30000 ○ 40000

c) 70000 ○ 70000
20000 ○ 50000
80000 ○ 60000
90000 ○ 10000

**2** Zähle vorwärts und rückwärts in Tausenderschritten.

a) 17000, 18000, ______, ______, ______, ______, ______, 24000.
b) 51000, 52000, ______, ______, ______, ______, ______, 58000.
c) 82000, 83000, ______, ______, ______, ______, ______, 89000.
d) 72000, 71000, ______, ______, ______, ______, ______, 65000.
e) 38000, 37000, ______, ______, ______, ______, ______, 31000.

**3** Zähle vorwärts und rückwärts in Zehntausenderschritten.

a) 10000, 20000, ______, ______, ______, ______, ______, 80000.
b) 21000, 31000, ______, ______, ______, ______, ______, 91000.
c) 85000, 75000, ______, ______, ______, ______, ______, 15000.
d) 98000, 88000, ______, ______, ______, ______, ______, 28000.

**4**

| + | 20000 | 40000 | 50000 |
|---|---|---|---|
| 10000 | | | |
| 20000 | | | |
| 30000 | | | |

| + | 10000 | 20000 | 40000 |
|---|---|---|---|
| 40000 | | | |
| 50000 | | | |
| 60000 | | | |

**5**

| – | 20000 | 30000 | 40000 |
|---|---|---|---|
| 100000 | | | |
| 90000 | | | |
| 80000 | | | |

| – | 50000 | 20000 | 10000 |
|---|---|---|---|
| 90000 | | | |
| 80000 | | | |
| 70000 | | | |

# Unterwegs zur Hunderttausend

zu Seite 20

**1** Welche Zahlen sind es?

a) 2 ZT 1 T 3 H 2 Z 1 E ____________

4 ZT 5 T 1 H 2 Z 3 E ____________

9 ZT 8 T 6 H 7 Z 1 E ____________

3 ZT 6 T 1 H 3 Z 8 E ____________

b) 9 ZT 8 T 7 H 4 Z 0 E ____________

1 ZT 0 T 1 H 0 Z 0 E ____________

2 ZT 8 T 3 H 4 Z 1 E ____________

0 ZT 0 T 1 H 0 Z 1 E ____________

**2** Zerlege die Zahlen.

a) 43682 = 4 · 10000 + 3 · 1000 + ____________

b) 91153 = ____________

c) 67128 = ____________

d) 16092 = ____________

e) 98596 = ____________

**3**

| ZT | T | H | Z | E |
|---|---|---|---|---|
| 5 | 4 | 2 | 1 | 6 |
| 4 | 1 | 9 | 1 | 2 |
| 8 | 6 | 2 | 5 | 1 |
| 2 | 1 | 0 | 8 | 3 |
| 1 | 5 | 9 | 5 | 6 |
| 3 | 4 | 4 | 7 | 6 |

50000 + 4000 + ____________

____________

____________

____________

____________

____________

**4** Schreibe als Zahl.

a) fünfzigtausend ____________

b) vierzigtausendeinhundert ____________

c) sechsunddreißigtausendzweihundertundzwölf ____________

d) neunundneunzigtausendachthundertundacht ____________

e) dreißigtausendvierhundertundzweiundvierzig ____________

**5** Fülle die Tabelle aus.

| | | |
|---|---|---|
| 6 ZT 2 T 4 H 2 Z 1 E | 60000 + 2000 + 400 + 20 + 1 | 62421 |
| 4 ZT 1 T 0 H 2 Z 7 E | | |
| | 70000 + 9000 + 200 + 0 + 8 | |
| | | 44203 |
| 1 ZT 2 T 3 H 4 Z 5 E | | |

# Unterwegs zur Million

zu Seite 21

**1** Einstein hat immer 10 Tassen mit jeweils 10 000 Reiskörnern zusammengestellt.
Schreibe die Anzahlen der Reiskörner auf.

100 000 ______ 200 000 ______ ______ ______ ______ ______ ______

**2** a) 100 000 ○ 200 000
300 000 ○ 100 000
400 000 ○ 200 000

b) 600 000 ○ 600 000
500 000 ○ 100 000
300 000 ○ 700 000

c) 800 000 ○ 900 000
1 000 000 ○ 800 000
400 000 ○ 500 000

**3** Zähle rückwärts und vorwärts in 10 000er Schritten.

a) 220 000, 230 000, ______, ______, ______, ______, 280 000.
b) 650 000, 660 000, ______, ______, ______, ______, 710 000.
c) 440 000, 430 000, ______, ______, ______, ______, 380 000.
d) 580 000, 570 000, ______, ______, ______, ______, 520 000.

**4** Zähle rückwärts und vorwärts in 100 000er Schritten.

a) 100 000, 200 000, ______, ______, ______, ______, 700 000.
b) 310 000, 410 000, ______, ______, ______, ______, 910 000.
c) 980 000, 880 000, ______, ______, ______, ______, 380 000.
d) 750 000, 650 000, ______, ______, ______, ______, 150 000.

**5**

| + | 100 000 | 200 000 | 300 000 | 400 000 | 500 000 | 600 000 | 700 000 |
|---|---|---|---|---|---|---|---|
| 100 000 | | | | | | | |
| 200 000 | | | | | | | |
| 300 000 | | | | | | | |

**6**

| – | 100 000 | 200 000 | 300 000 | 400 000 | 500 000 | 600 000 | 700 000 | 800 000 |
|---|---|---|---|---|---|---|---|---|
| 1 000 000 | | | | | | | | |
| 900 000 | | | | | | | | |
| 800 000 | | | | | | | | |

# Unterwegs zur Million

zu Seite 21

**1**

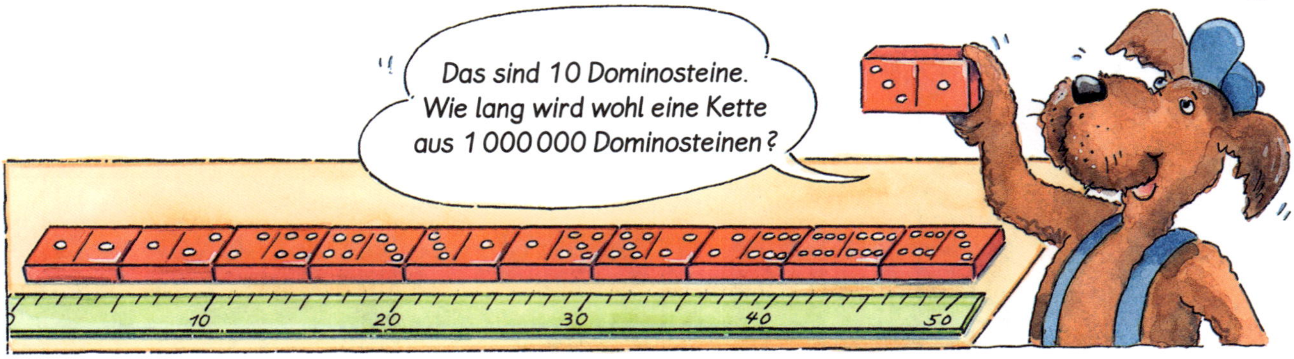


a) Wie lang wird die Kette aus Dominosteinen?

| Anzahl der Dominosteine | 10 | 100 | 1 000 | 10 000 | 100 000 | 1 000 000 |
|---|---|---|---|---|---|---|
| Länge der Dominokette | 50 cm | 500 cm (____ m) | ____ cm (____ m) | ____ cm (____ km) | ____ cm (____ km) | ____ cm (____ km) |

b) Von Kassel nach Göttingen sind es 48 km. Wer hat recht? Kreuze an.

Eine Kette aus 1 000 000 Steinen ist höchstens so lang wie die Strecke von Göttingen nach Kassel. ☐

Die Kette ist mindestens einmal so lang wie die Strecke von Göttingen nach Kassel. ☐

Die Kette ist genauso lang wie die Strecke von Göttingen nach Kassel. ☐

**2** Welche Zahlen sind es?

a) 2 HT 4 ZT 5 T 9 H 8 Z 1 E ____________
2 HT 4 ZT 9 T 3 H 7 Z 0 E ____________
4 HT 1 ZT 3 T 5 H 9 Z 8 E ____________
9 HT 6 ZT 5 T 2 H 4 Z 7 E ____________

b) 5 HT 5 ZT 0 T 9 H 7 Z 6 E ____________
3 HT 1 ZT 1 T 4 H 6 Z 0 E ____________
0 HT 5 ZT 4 T 3 H 2 Z 4 E ____________
9 HT 0 ZT 0 T 0 H 5 Z 2 E ____________

**3** Zerlege die Zahlen.

a) 246 809 = $2 \cdot 100000 + 4 \cdot 10000 +$ ____________

b) 830 721 = ____________

c) 491 230 = ____________

d) 1 205 612 = ____________

**4**

| M | HT | ZT | T | H | Z | E | |
|---|---|---|---|---|---|---|---|
| 1 | 4 | 0 | 8 | 0 | 2 | 7 | 1 000 000 + 400 000 + ____________ |
| 4 | 0 | 3 | 0 | 1 | 2 | 6 | ____________ |
| | 9 | 0 | 4 | 1 | 7 | 1 | ____________ |
| | | 6 | 0 | 3 | 0 | 2 | ____________ |

# Der Zahlenstrahl

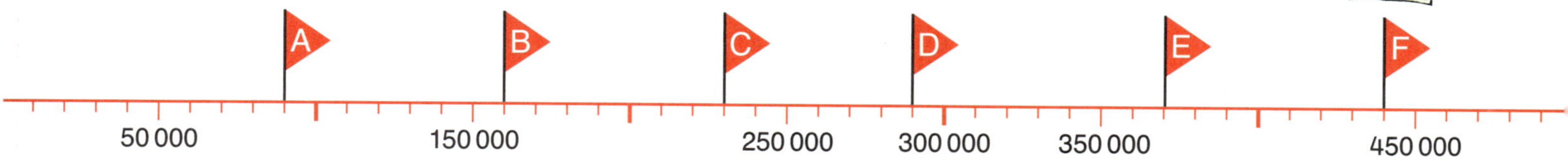


**1** a) Trage die fehlenden Hunderttausenderzahlen ein.
b) Bei welchen Zahlen stehen die Fähnchen?

A: ________ B: ________ C: ________ D: ________ E: ________ F: ________

**2** Zähle in Zehntausenderschritten vorwärts oder rückwärts.

211 000, ________, ________, ________, ________, ________, 271 000

397 000, ________, ________, ________, ________, ________, 337 000

466 000, ________, ________, ________, ________, ________, 406 000

285 000, ________, ________, ________, ________, ________, 345 000

**3** Zähle in Fünzigtausenderschritten vorwärts oder rückwärts.

150 000, ________, ________, ________, ________, ________, 450 000

900 000, ________, ________, ________, ________, ________, 600 000

350 000, ________, ________, ________, ________, ________, 50 000

290 000, ________, ________, ________, ________, ________, 590 000

**4** Hier ist ein Ausschnitt des Zahlenstrahls vergrößert. Wo stehen die Fähnchen?

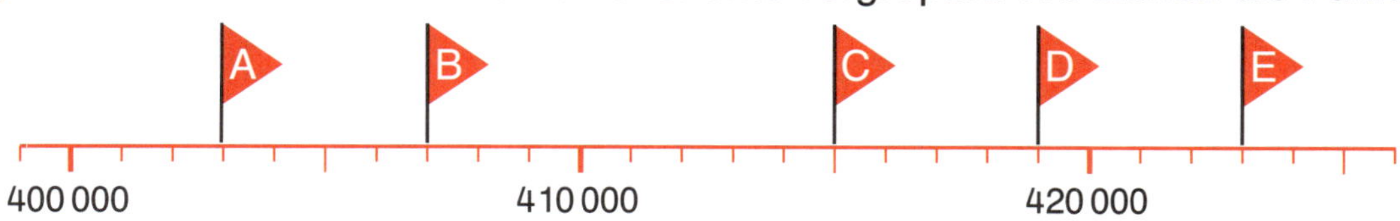

A: ________ B: ________ C: ________ D: ________ E: ________

**5** Jetzt kann man die Hunderterzahlen genau ablesen. Welche sind es?

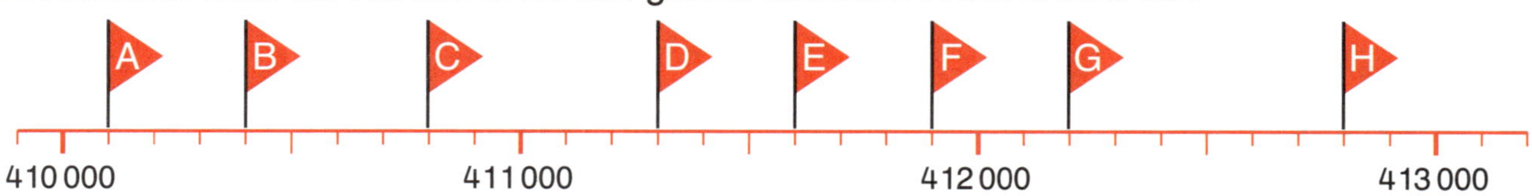


A: ________ B: ________ C: ________ D: ________

E: ________ F: ________ G: ________ H: ________

**6** Setze ein: < oder >.

a) 312 000 ◯ 307 000
418 000 ◯ 428 000
690 000 ◯ 687 000

b) 119 000 ◯ 191 000
448 000 ◯ 848 000
532 000 ◯ 523 000

c) 981 500 ◯ 980 900
274 100 ◯ 174 900
613 200 ◯ 613 500

## Der Zahlenstrahl

zu Seite 22 – 23

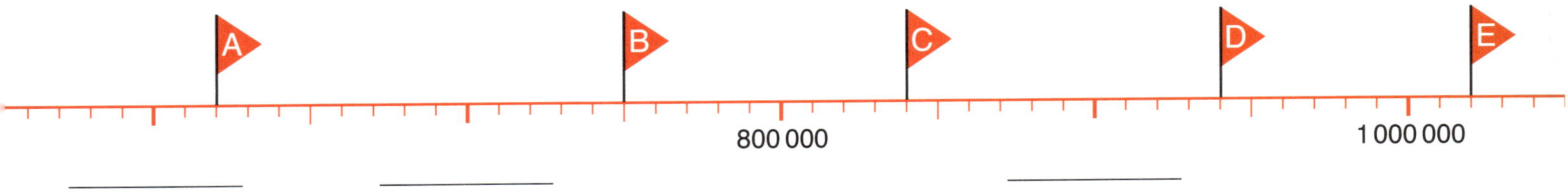


**1** a) Trage die fehlenden Hunderttausender ein.
b) Bei welchen Zahlen stehen die Fähnchen?

A: ______ B: ______ C: ______ D: ______ E: ______

**2** Wie heißen

a) Vorgänger und Nachfolger?

______ < 976254 < ______
______ < 445622 < ______
______ < 223343 < ______
______ < 478910 < ______

b) die Nachbarzehner?

______ < 192438 < ______
______ < 246214 < ______
______ < 387901 < ______
______ < 761455 < ______

c) die Nachbarhunderter?

______ < 196402 < ______
______ < 807218 < ______
______ < 631394 < ______
______ < 238663 < ______

d) die Nachbartausender?

______ < 814026 < ______
______ < 220143 < ______
______ < 543587 < ______
______ < 245003 < ______

e) die Nachbarzehntausender?

______ < 296461 < ______
______ < 317823 < ______
______ < 518792 < ______

f) die Nachbarhunderttausender?

______ < 816378 < ______
______ < 652491 < ______
______ < 914312 < ______

**3** Immer bis zum Nachbarhunderttausender, der am nächsten liegt.

a) 460000 + 40000 = ______
210000 – 10000 = ______
630000 ______
780000 ______

b) 920000 ______ = ______
490000 ______
680000 ______
120000 ______

**4** Immer bis zum Nachbarzehntausender, der am nächsten liegt.

a) 673000 – 3000 = ______
459000 + 1000 = ______
319000 ______
261000 ______

b) 218000 ______
452000 ______
897000 ______
464000 ______

# Runden

zu Seite 24

**1** Runde die Zahlenangaben.

| Im Vogelpark Walsrode wurden in diesem Jahr 1 237 Vögel gezählt. | In der Musikabteilung eines Kaufhauses wurden im Jahr 93 429 CD's verkauft. | Die Kassen des Vogelparks passierten in diesem Jahr 173 473 Besucher. |
|---|---|---|
| auf Zehner: _______ | auf Tausender: _______ | auf Zehntausender: _______ |
| auf Hunderter: _______ | auf Zehntausender: _______ | auf Hunderttausender: _______ |

**2** Runde die Zahlen.

| Zahl | 17 387 | 41 212 | 56 824 | 64 949 | 334 253 |
|---|---|---|---|---|---|
| auf Hunderter | | | | | |
| auf Tausender | | | | | |
| auf Zehntausender | | | | | |

**3** Hier sind gerundete Zahlen. Welche genauen Zahlen könnten es sein? Schreibe immer drei Beispiele auf.

| gerundet | 48 730 | 17 170 | 16 200 | 98 420 | 1 824 | 49 389 | 59 500 | 71 670 |
|---|---|---|---|---|---|---|---|---|
| | 48 731 | | | | | | | |
| | 48 728 | | | | | | | |
| | 48 734 | | | | | | | |

**4** Für 10 000 Einwohner steht immer ein Männchen. Wie viele Einwohner haben die Städte ungefähr?

| | | | |
|---|---|---|---|
| Aurich | 40 000 | Itzehoe | _______ |
| Bayreuth | _______ | Korbach | _______ |
| Cuxhaven | _______ | Konstanz | _______ |
| Hameln | _______ | Weimar | _______ |

**5** Runde zuerst auf 100 000, dann zeichne die passende Anzahl Männchen. Zeichne ein Männchen für 100 000 Einwohner.

| Stadt | Anzahl der Einwohner | Anzahl gerundet | Bild |
|---|---|---|---|
| Leipzig | 490 095 | 500 000 | |
| Bonn | 304 172 | | |
| Bremen | 542 349 | | |
| Köln | 963 794 | | |

# Addieren und Subtrahieren mit großen Zahlen

**1** a)

| + | 30000 | 50000 | 70000 |
|---|---|---|---|
| 460000 | | | |
| 580000 | | | |
| 690000 | | | |
| 320000 | | | |

b)

| + | 40000 | 80000 | 90000 |
|---|---|---|---|
| 530000 | | | |
| 670000 | | | |
| 240000 | | | |
| 120000 | | | |

**2** a)

| – | 20000 | 40000 | 60000 |
|---|---|---|---|
| 920000 | | | |
| 410000 | | | |
| 850000 | | | |
| 660000 | | | |

b)

| – | 70000 | 80000 | 90000 |
|---|---|---|---|
| 980000 | | | |
| 550000 | | | |
| 60000 | | | |
| 720000 | | | |

**3** a) 385000 + 40000 = ________

421000 + 90000 = ________

612000 + 80000 = ________

558000 + 70000 = ________

289000 + 30000 = ________

b) 998000 – 40000 = ________

745000 – 60000 = ________

234000 – 70000 = ________

519000 – 90000 = ________

680000 – 50000 = ________

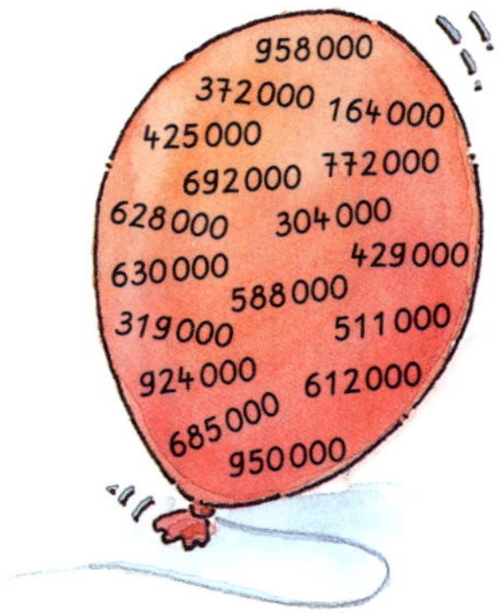


c) 1000000 – 50000 = ________

994000 – 70000 = ________

832000 – 60000 = ________

d) 452000 – 80000 = ________

334000 – 30000 = ________

658000 – 70000 = ________

**4** Löse die Aufgaben am Rechenstrich.

a)

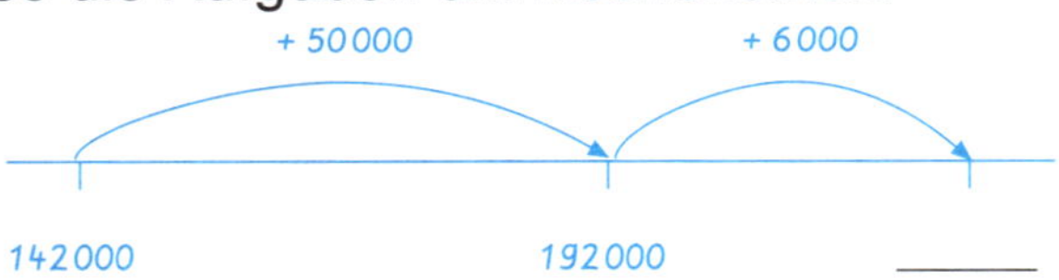


142000 + 56000 = ________

b)

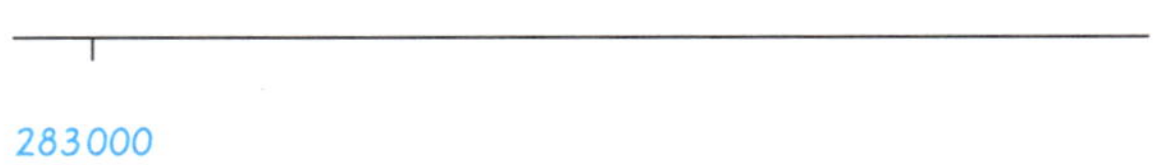


283000 + 46000 = ________

c)

962000 – 71000 = ________

d)

537000 – 48000 = ________

**5** a) 180000 + 56000 = ________

290000 + 38000 = ________

50000 + 67000 = ________

b) 920000 – 23000 = ________

760000 – 74000 = ________

640000 – 68000 = ________

# Addieren und Subtrahieren mit großen Zahlen

zu Seite 25

**1** Löse die Aufgaben am Rechenstrich.

a)

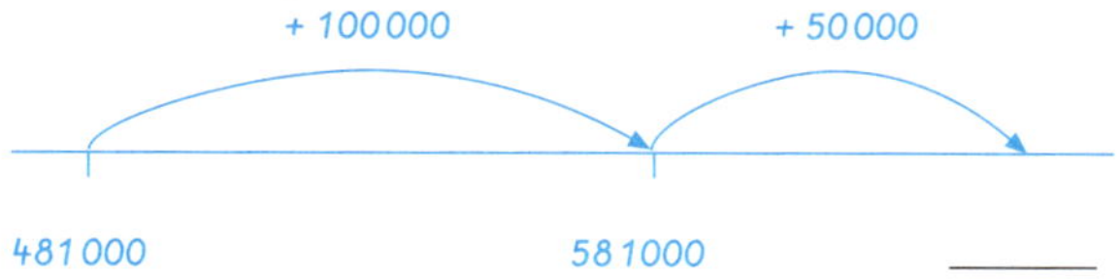


481000 + 150000 = ______

b)

219000 + 420000 = ______

c)

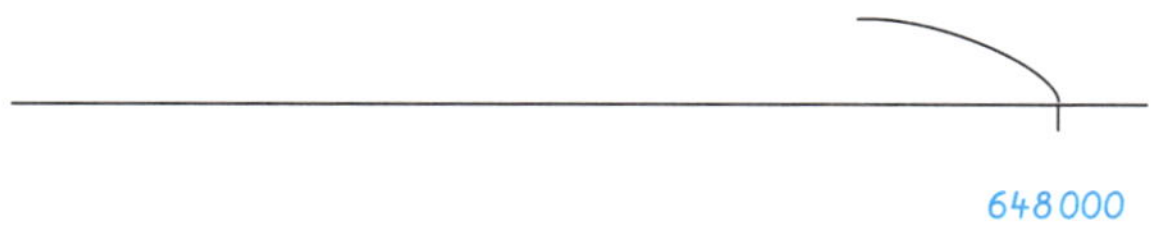


648000 – 260000 = ______

d)

346000 – 290000 = ______

**2** a) 180000 + ______ = 340000
470000 + ______ = 630000
290000 + ______ = 510000

b) 640000 – ______ = 320000
530000 – ______ = 350000
450000 – ______ = 180000

c) 350000 + ______ = 490000
120000 + ______ = 210000
270000 + ______ = 340000

d) 370000 – ______ = 90000
710000 – ______ = 450000
840000 – ______ = 570000

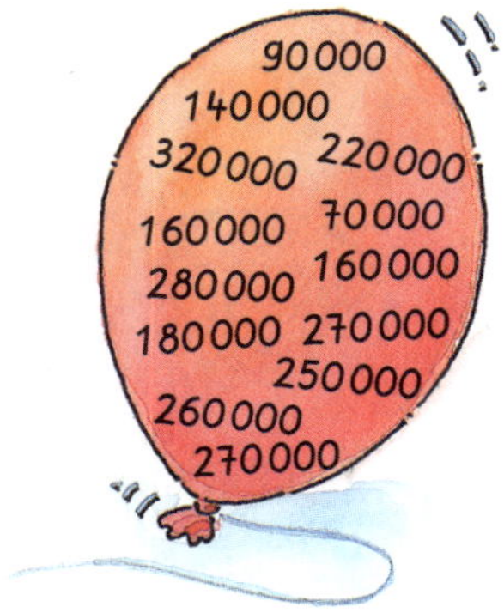


**3** Zerlege.

a)

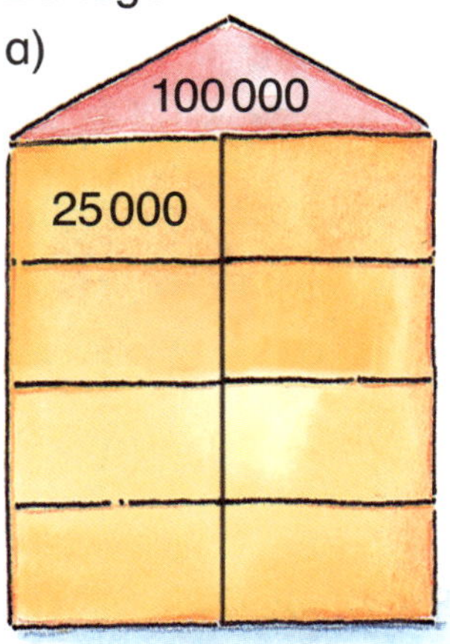


b)

c)

**4** a)

| + 150000 | |
|---|---|
| 430000 | |
| 670000 | |
| 490000 | |
| 810000 | |
| 290000 | |

b)

| – 270000 | |
|---|---|
| 1000000 | |
| 460000 | |
| 530000 | |
| 680000 | |
| 920000 | |

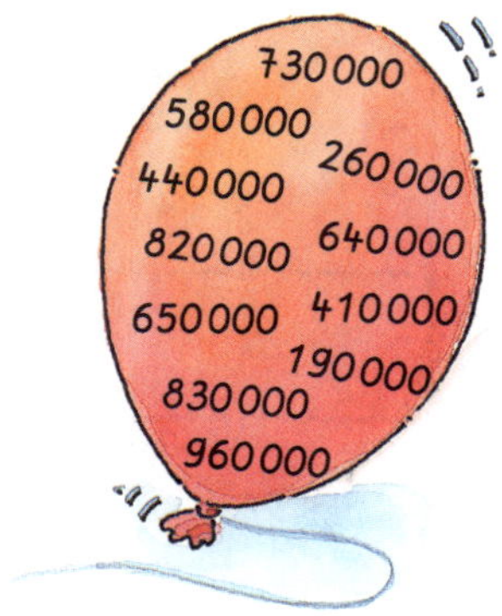

# Multiplizieren und Dividieren

zu Seite 25

**1** a) 6 · 2000 = ______
7 · 4000 = ______
6 · 5000 = ______
3 · 8000 = ______

b) 4 · 50000 = ______
6 · 40000 = ______
7 · 80000 = ______
9 · 20000 = ______

c) 3 · 600000 = ______
9 · 700000 = ______
4 · 800000 = ______
6 · 100000 = ______

**2** a)

| : 3 | |
|---|---|
| 3000 | |
| 1800 | |
| 2700 | |

b)

| : 6 | |
|---|---|
| 54000 | |
| 36000 | |
| 48000 | |

c)

| : 9 | |
|---|---|
| 540000 | |
| 360000 | |
| 810000 | |

**3**

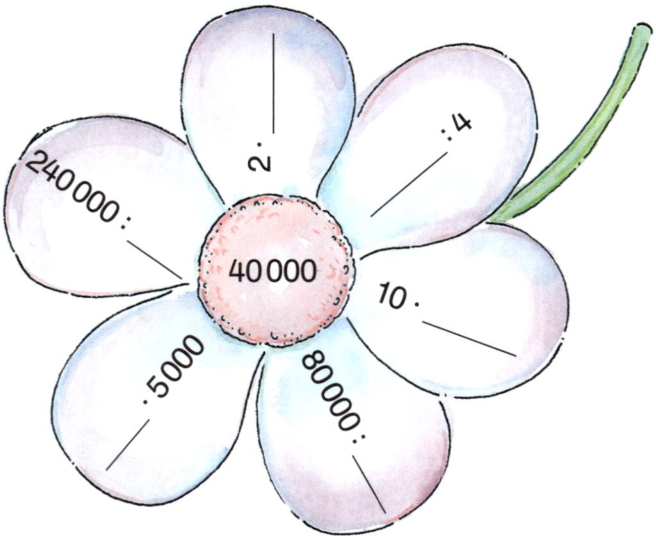


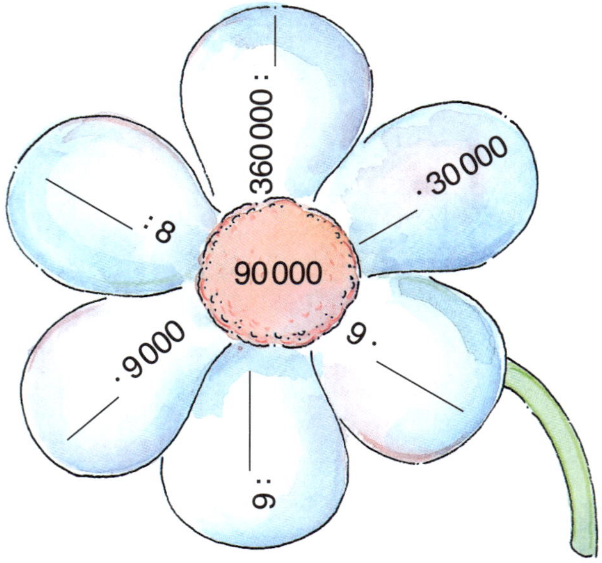


**4** Immer drei Kärtchen passen zusammen. Färbe mit der gleichen Farbe.

3 · 3000 | 50000 | 450000 : 9 | 9000 | 80000 | 25000 | 5 · 5000

320000 : 4 | 27000 : 3 | 2 · 40000 | 10 · 5000 | 50000 : 2

**5** a)

| 360000 | |
|---|---|
| 60000 | 6 |
| | |
| | |
| | |
| | |

b)

| 54000 | |
|---|---|
| 9000 | 6 |
| | |
| | |
| | |
| | |

c)

| 1800 | |
|---|---|
| 600 | 3 |
| | |
| | |
| | |
| | |

# Flächen

zu Seite 26

**1** Wie viele Karokästchen sind es? 1 Karokästchen bedeutet 1 Quadratmeter.

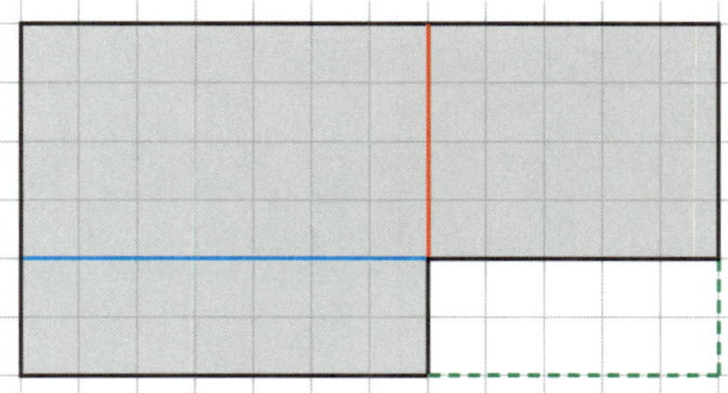

Maxi rechnet: 6 · 7 + 4 · 5 = ____________

Laura rechnet: 4 · 12 + 2 · 7 = ____________

Olli rechnet: 6 · 12 − 2 · 5 = ____________

Die Fläche ist ____________ Quadratmeter groß.

**2** Zerlege in zwei Teilflächen. 1 Karokästchen bedeutet 1 Quadratmeter.

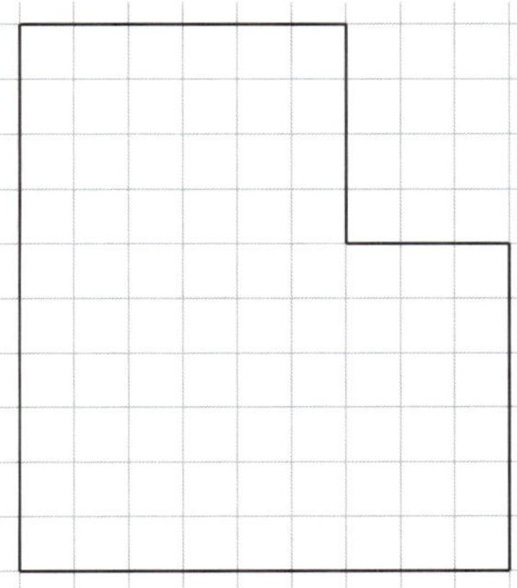
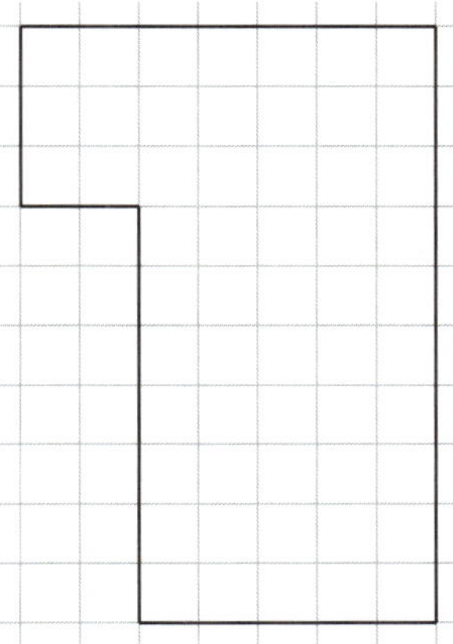
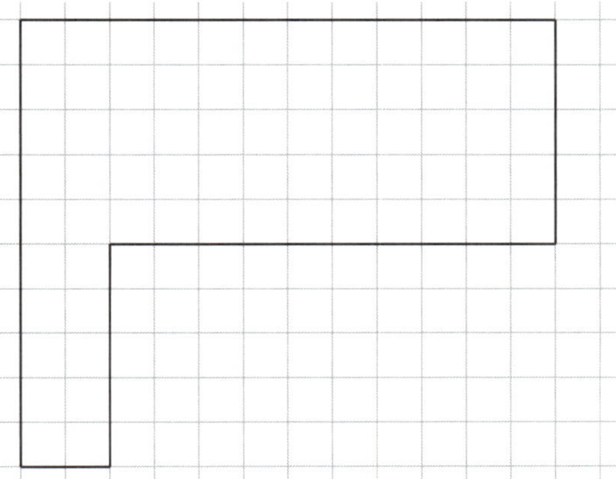

_______ Quadratmeter    _______ Quadratmeter    _______ Quadratmeter

**3** Hier musst du in mehrere Flächen zerlegen. Zeichne ein. ☐ 1 Quadratmeter.

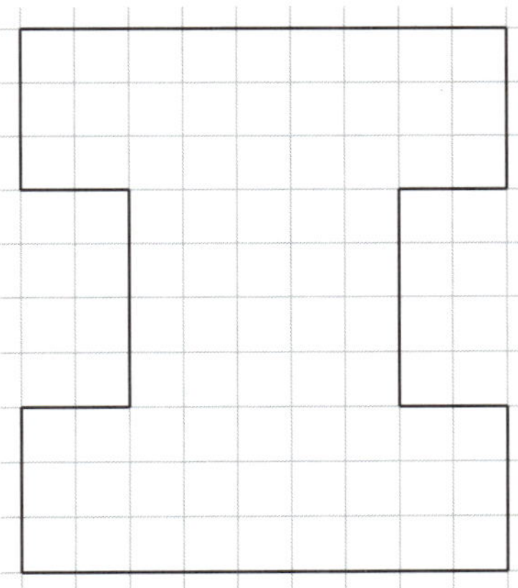
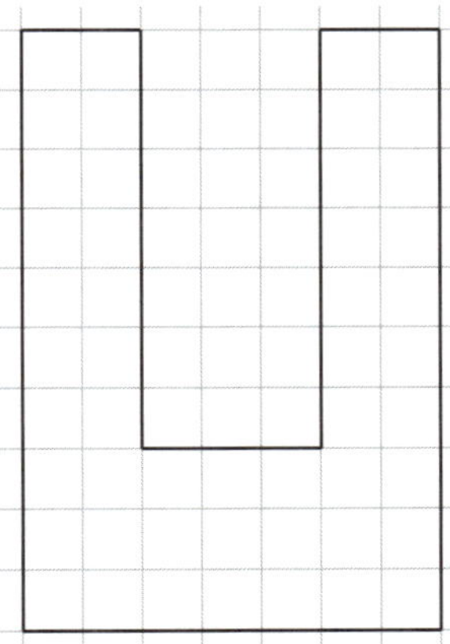
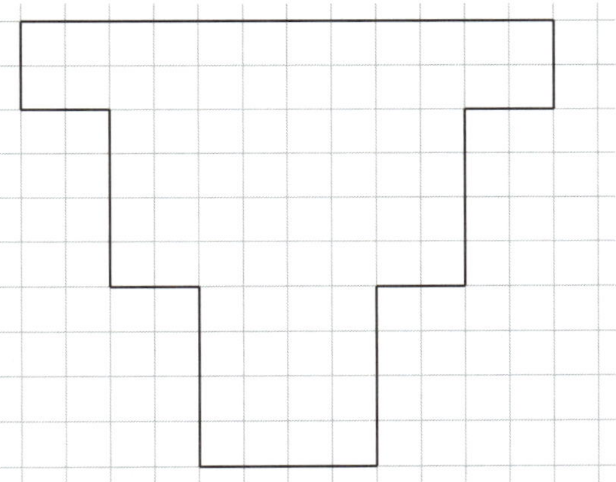

_______ Quadratmeter    _______ Quadratmeter    _______ Quadratmeter

**4** Kannst du auch diese Flächen berechnen? ☐ 1 Quadratmeter.

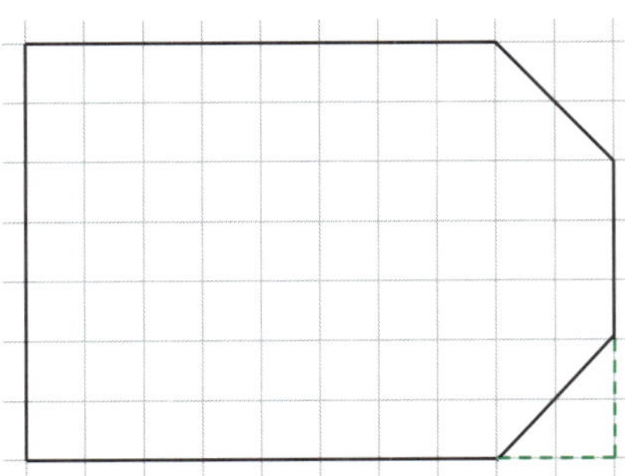
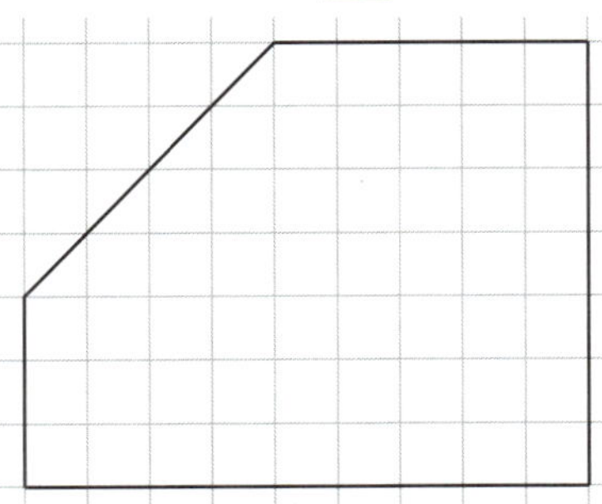

_______ Quadratmeter    _______ Quadratmeter

zu Seite 26

**1** Familie Anton und Familie Berger haben einen Garten an ihrem Haus.

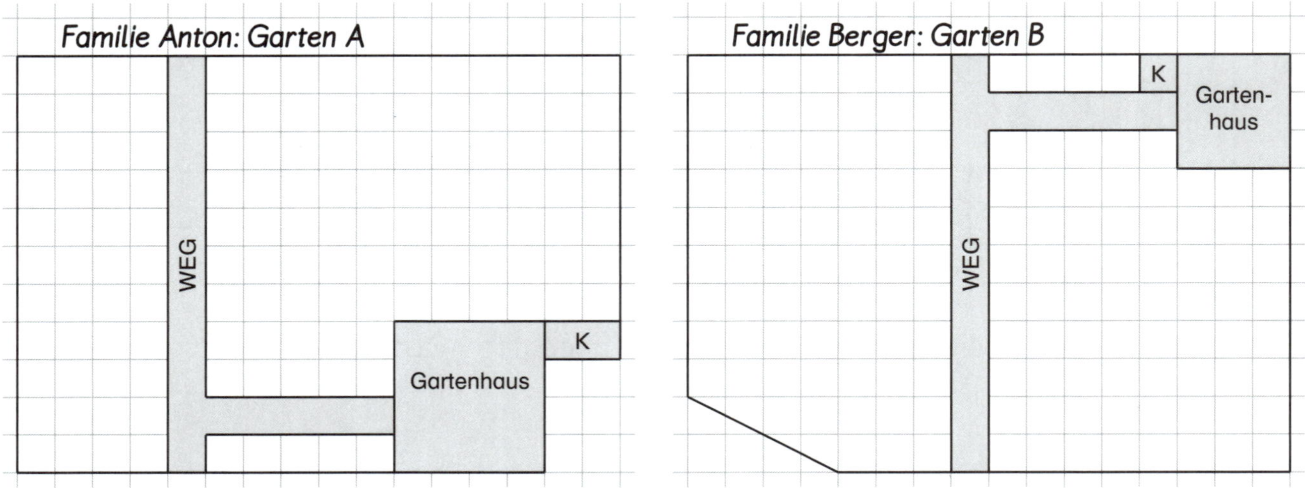


a) Bestimme die Größe der beiden Gärten. Ein Karokästchen bedeutet ein Quadratmeter.

Garten A: ________ Quadratmeter     Garten B: ________ Quadratmeter

b) Berechne die Fläche der Wege, des Gartenhauses, des Komposthaufens (K).
Wie viel Quadratmeter bleiben für die Rasenfläche?

| | Wege | Gartenhaus | Kompost |
|---|---|---|---|
| Garten A | ______ Quadratmeter | ______ Quadratmeter | ______ Quadratmeter |
| Garten B | ______ Quadratmeter | ______ Quadratmeter | ______ Quadratmeter |

Rasenfläche: Garten A: _______ Quadratmeter, Garten B: _______ Quadratmeter

**2** Vergleiche die drei Gärten. Welcher Garten hat die größte Fläche? Garten ________
1 Kästchen = 1 Quadratmeter.

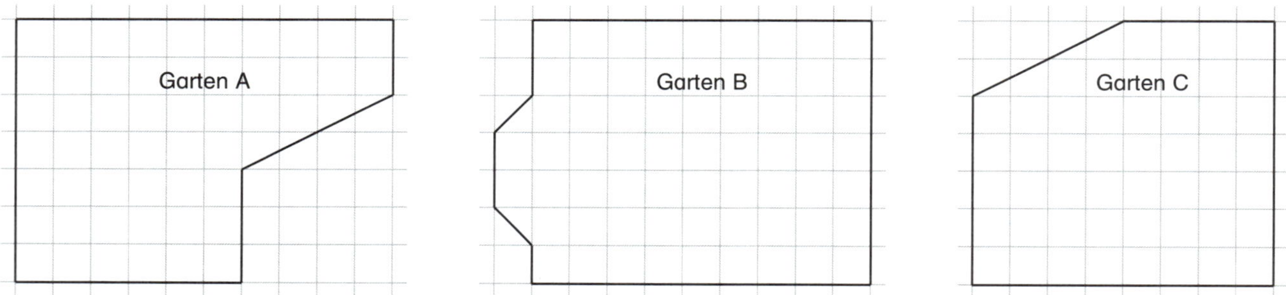


______ Quadratmeter     ______ Quadratmeter     ______ Quadratmeter

**3** Der Garten soll 40 Quadratmeter groß sein. Zeichne zwei Möglichkeiten.
1 Kästchen = 1 Quadratmeter.

# Umfang

**1** Berechne den Umfang der Flächen. Eine Kästchenlänge entspricht 1 m.

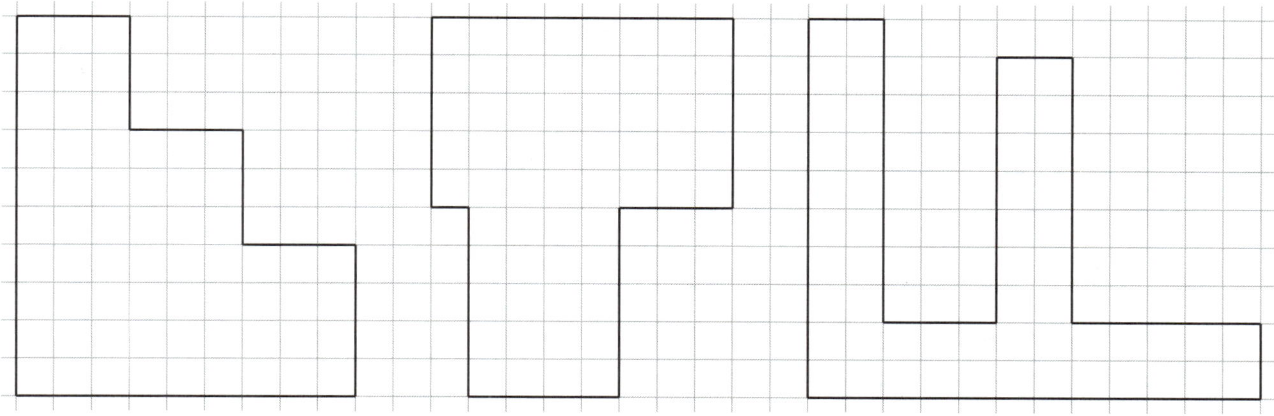

______ m  ______ m  ______ m

**2** Die Flächen sind mit Stäbchen gelegt. 1 Stäbchen ist in der Wirklichkeit 1 m lang.
a) Wie groß ist der Umfang?  b) Wie viel Quadratmeter sind es?

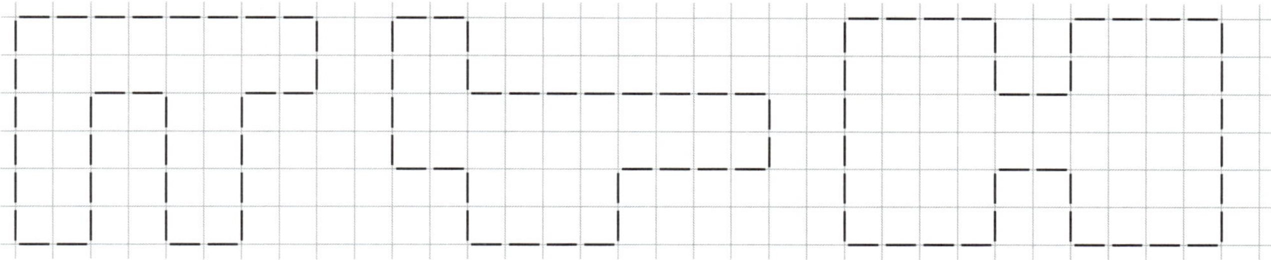

______ m  ______ m  ______ m

______ Quadratmeter  ______ Quadratmeter  ______ Quadratmeter

**3** Eine Fläche soll 24 Quadratmeter groß sein. Wie kann sie aussehen?
Wie groß ist der Umfang? Lege mit Stäbchen, dann zeichne zwei Flächen.

Umfang: ______ m  Umfang: ______ m

**4** Eine Fläche soll den Umfang 12 m haben. Wie kann sie aussehen?
Wie viel Quadratmeter sind es? Lege mit Stäbchen, dann zeichne zwei Flächen.

______ Quadratmeter  ______ Quadratmeter

# Zum Denken, Knobeln und Rechnen

**1** a) Zeichne die nächsten beiden Figuren.

b) Wie geht es wohl weiter? Schreibe noch mindestens 5 weitere Zahlen auf.
Welche Zahlen hast du erhalten?

**2** Die Zahlen von 1 bis 8 sollen so eingesetzt werden, dass die Summe der Eckzahlen im kleinen Quadrat doppelt so groß wie die Summe der Zahlen im großen Quadrat ist.

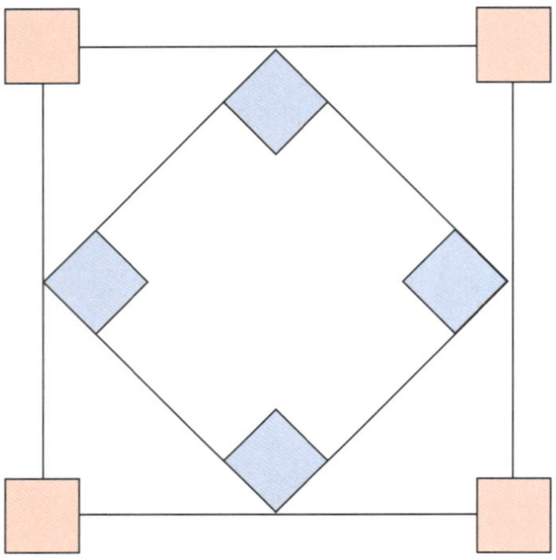

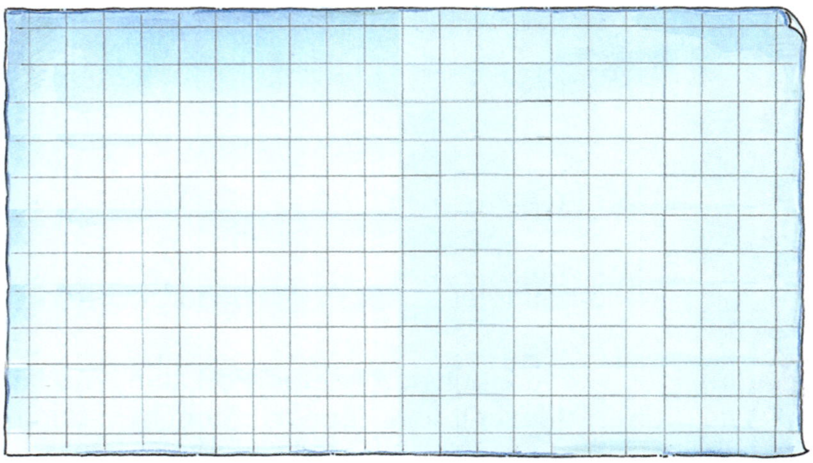

**3** a) Aus wie vielen kleinen Würfeln bestehen die großen Würfel?

b) Aus wie vielen kleinen Würfeln bestehen ein
Fünferwürfel    Sechserwürfel    Siebenerwürfel?

c) Der Dreierwürfel und der Viererwürfel werden außen orange angemalt.
Wie viele kleine Würfel haben:

| | 3 orange Flächen | 2 orange Flächen | 1 orange Fläche | keine orange Fläche |
|---|---|---|---|---|
| Dreierwürfel | | | | |
| Viererwürfel | | | | |

# Einsteins Rechenschieber

zu Seite 28

**1** Stelle auf deinem Rechenschieber die größte und die kleinste Zahl ein. Benutze dazu die vorgegebenen Ziffern.

a) 0, 1, 1, 7, 8, 9

größte Zahl: | | | | | | |

kleinste Zahl: | | | | | | |

b) 3, 3, 4, 4, 6, 6

größte Zahl: | | | | | | |

kleinste Zahl: | | | | | | |

**2** Welche Zahl erhältst du?

a) Addiere 300.

| 0 | 7 | 5 | 8 | 5 | 3 |
|---|---|---|---|---|---|
| | | | | | |

b) Addiere 50 000.

| 2 | 2 | 4 | 1 | 3 | 6 |
|---|---|---|---|---|---|
| | | | | | |

c) Subtrahiere 1 000.

| 6 | 4 | 5 | 8 | 9 | 1 |
|---|---|---|---|---|---|
| | | | | | |

**3** Hier verändern sich mehrere Ziffern.

a) Addiere 50.

| 6 | 5 | 4 | 7 | 8 | 2 |
|---|---|---|---|---|---|
| | | | | | |

b) Subtrahiere 4 000.

| 1 | 2 | 3 | 1 | 2 | 3 |
|---|---|---|---|---|---|
| | | | | | |

c) Subtrahiere 60 000.

| 4 | 3 | 2 | 4 | 3 | 2 |
|---|---|---|---|---|---|
| | | | | | |

**4** Fülle die Tabellen aus.

a)

| | 2 3 4 5 2 1 | 4 6 5 3 0 1 | 8 9 4 2 1 0 |
|---|---|---|---|
| Addiere 7. | | | |
| Addiere 70. | | | |
| Addiere 700. | | | |
| Addiere 7 000. | | | |

b)

| | 8 6 4 6 1 2 | 6 6 4 6 8 7 | 9 2 2 7 2 1 |
|---|---|---|---|
| Subtrahiere 500. | | | |
| Subtrahiere 5 000. | | | |
| Subtrahiere 50 000. | | | |
| Subtrahiere 500 000. | | | |

**5** Welche Zahl wurde hier addiert oder subtrahiert?

a)

| 7 | 5 | 8 | 2 | 4 | 9 |
|---|---|---|---|---|---|
| 7 | 9 | 8 | 2 | 4 | 9 |

__________

b)

| 2 | 4 | 9 | 8 | 1 | 0 |
|---|---|---|---|---|---|
| 2 | 4 | 6 | 8 | 1 | 0 |

__________

c)

| 5 | 2 | 3 | 8 | 7 | 8 |
|---|---|---|---|---|---|
| 5 | 2 | 3 | 9 | 1 | 8 |

__________

d)

| 6 | 9 | 8 | 7 | 9 | 5 |
|---|---|---|---|---|---|
| 6 | 9 | 5 | 7 | 9 | 5 |

__________

# Addieren und Subtrahieren

zu Seite 28 – 29

**1** Schreibe auf, wie die Kinder die Aufgabe 6480 + 370 = ■ gelöst haben.

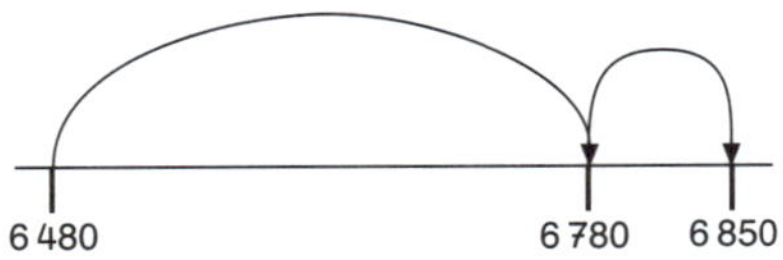


6480 + 370 = ______

6 480 + 300 = ______

______

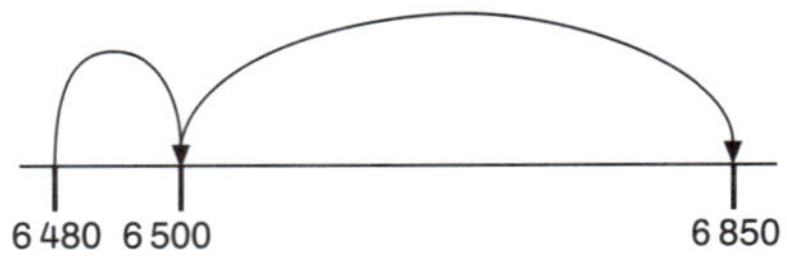


6480 + 370 = ______

______

______

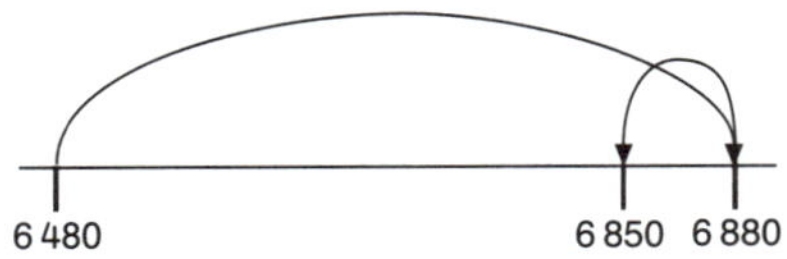


6480 + 370 = ______

______

______

**2** Rechne auf deinem Weg. Zeichne den Rechenstrich dazu.

4170 + 290 = ______

4 170

8240 + 440 = ______

8 240

7380 + 550 = ______

**3** Schreibe auf, wie die Kinder gerechnet haben.

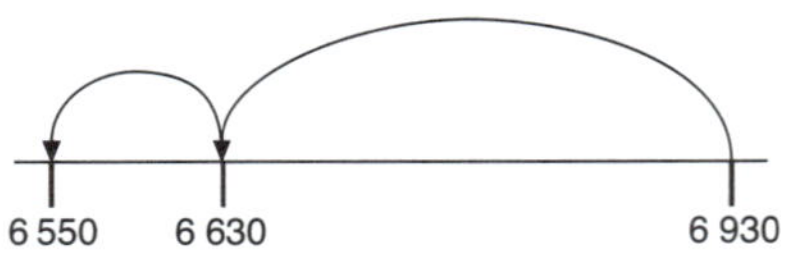


6930 − 380 = ______

______

______

______

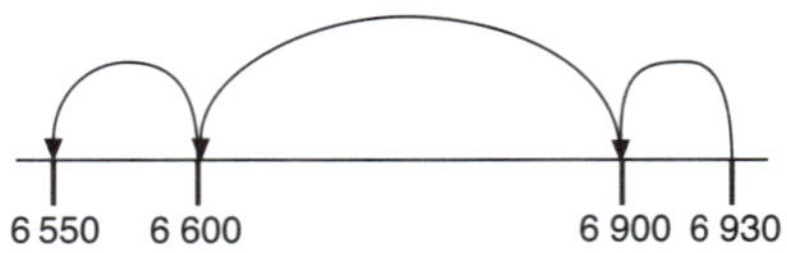


6930 − 380 = ______

______

______

______

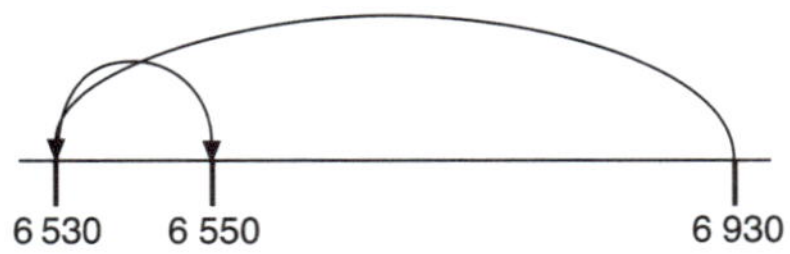


6930 − 380 = ______

______

______

______

**4** Rechne auf deinem Weg. Zeichne den Rechenstrich dazu.

1640 − 390 = ______

1 640

4730 − 650 = ______

4 730

9810 − 470 = ______

9 810

**5** Wenn nötig, kannst du die Zwischenschritte auf einem Blatt Papier notieren.

a) 2730 + 250 = ______
4390 + 570 = ______
6140 + 750 = ______
3280 + 640 = ______

b) 1830 − 610 = ______
2570 − 420 = ______
1710 − 450 = ______
868 − 190 = ______

c) 6840 − 360 = ______
9620 − 160 = ______
5750 − 390 = ______
4960 − 780 = ______

**6** a) 4680 + 410 = ______
3570 + 620 = ______
2790 + 430 = ______

b) 8240 − 420 = ______
6450 − 540 = ______
3360 − 470 = ______

c) 7240 − 630 = ______
4310 − 870 = ______
1540 − 680 = ______

# Addieren und Subtrahieren

zu Seite 28 – 29

**1** Große Schritte vorwärts. Zeichne den Rechenstrich dazu.

2140 + 1400 = ______ 3470 + 1700 = ______ 2790 + 2700 = ______

2140 3470 2790

**2** a) 3170 + 2400 = ______ b) 4300 + 2949 = ______ c) 4675 + 4500 = ______

5875 + 2300 = ______ 2700 + 4763 = ______ 6300 + 1875 = ______

1799 + 6700 = ______ 3476 + 2800 = ______ 5900 + 3746 = ______

**3** Jetzt minus. Zeichne den Rechenstrich.

5370 – 2400 = ______ 7135 – 3700 = ______ 9248 – 4700 = ______

5370 7135 9248

**4** a) 2789 – 1300 = ______ b) 8275 – 4300 = ______ c) 7374 – 3500 = ______

7250 – 5700 = ______ 6513 – 2600 = ______ 4219 – 2700 = ______

6600 – 8400 = ______ 9740 – 3400 = ______ 6495 – 9300 = ______

9453 – 7500 = ______ 7553 – 4700 = ______ 8374 – 5300 = ______

**5** Wie hoch kommst du auf der Rechenleiter? Beginne auf der untersten Stufe.

| | | |
|---|---|---|
| 2176 + 1342 = ______ | 4485 + 2714 = ______ | 1675 + 4537 = ______ |
| 2176 + 1340 = ______ | 4480 + 2714 = ______ | 1670 + 4537 = ______ |
| 2170 + 1340 = ______ | 4480 + 2710 = ______ | 1670 + 4530 = ______ |
| 2170 + 1300 = ______ | 4400 + 2710 = ______ | 1670 + 4500 = ______ |
| 2100 + 1300 = ______ | 4400 + 2700 = ______ | 1600 + 4500 = ______ |

**6** Rechne schriftlich.

| a) | b) | c) | d) | e) |
|---|---|---|---|---|
| 1378 | 2483 | 4779 | 3705 | 1379 |
| + 3491 | + 3309 | + 2420 | + 2179 | + 3621 |

**7**

| a) | b) | c) | d) | e) |
|---|---|---|---|---|
| 6474 | 4307 | 8124 | 7029 | 9478 |
| – 2193 | – 1209 | – 4313 | – 3137 | – 2589 |

# Im Kopf oder schriftlich?

zu Seite 29

**1**

375 000 + 125 000 = ________

375 000 + 375 000 = ________

378 250 + 999 = ________

489 000 − 999 = ________

489 000 − 9 999 = ________

378 250 + 9 999 = ________

378 250 + 9 997 = ________

1 000 000 − 599 000 = ________

785 000 − 178 912 = ________

375 375 + 12 518 = ________

378 250 + 750 = ________

1 379 248 − 999 = ________

489 000 − 1 001 = ________

489 348 − 1 001 = ________

489 000 − 11 000 = ________

387 467 + 91 538 = ________

375 000 + 12 500 = ________

780 717 − 119 837 = ________

699 950 − 99 762 = ________

378 250 + 70 000 = ________

378 250 + 99 999 = ________

489 000 − 99 999 = ________

1 000 000 − 612 107 = ________

378 250 + 99 989 = ________

Färbe die Ergebnisfelder in der richtigen Farbe.

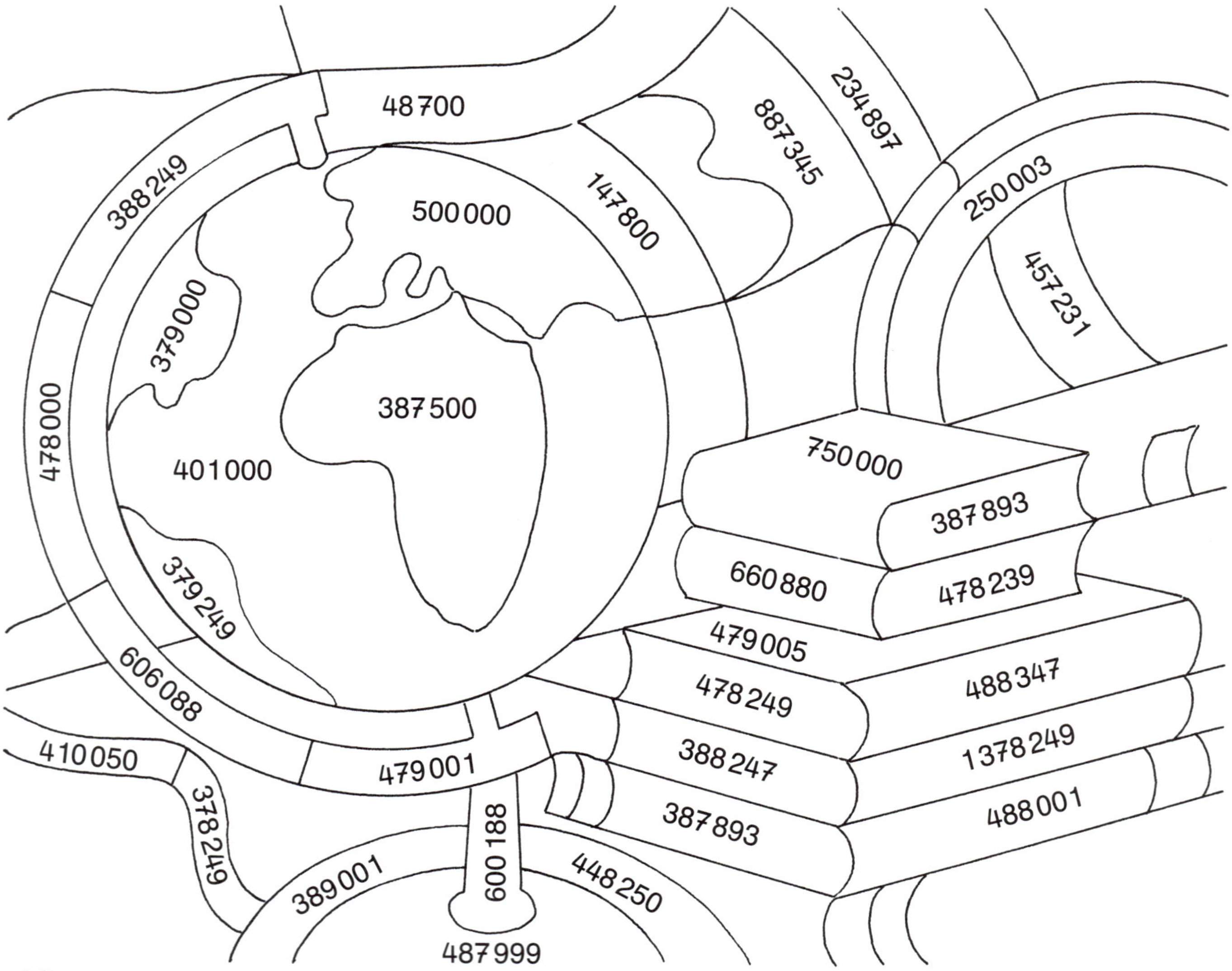

zu Seite 34

# Gewicht

**1** Die Kinder füllen Wasser in ein großes Fass.
Wie schwer ist das Wasser in dem Fass?
Können die Kinder das Fass noch tragen?

Diese Würfel wiegen alle eine Tonne!

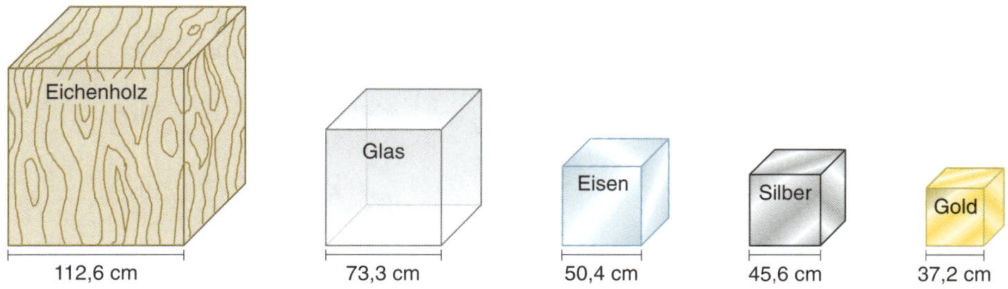

**2** Wie viel Kilogramm sind es?

a) 1 t 870 kg = ______ kg
3 t 755 kg = ______ kg
5 t 75 kg = ______ kg
8 t 125 kg = ______ kg

b) 2 t 375 kg = ______ kg
7 t 10 kg = ______ kg
8 t 2 kg = ______ kg
6 t 100 kg = ______ kg

c) $1\frac{1}{4}$ t = ______ kg
$2\frac{1}{2}$ t = ______ kg
$4\frac{1}{4}$ t = ______ kg
$2\frac{3}{4}$ t = ______ kg

**3** Wie viel Kilogramm fehlen?

a) 750 kg + ______ = 1 t
855 kg + ______ = 1 t
275 kg + ______ = 1 t
324 kg + ______ = 1 t

b) 1 t 875 kg + ______ = 2 t
1 t 50 kg + ______ = 2 t
1 t 5 kg + ______ = 2 t
1 t 75 kg + ______ = 2 t

c) 3 t 570 kg + ______ = 4 t
7 t 125 kg + ______ = 8 t
6 t 830 kg + ______ = 7 t
9 t 17 kg + ______ = 10 t

d) 4 t 139 kg + ______ = 5 t
3 t 287 kg + ______ = 4 t
1 t 274 kg + ______ = 2 t
6 t 1 kg + ______ = 7 t

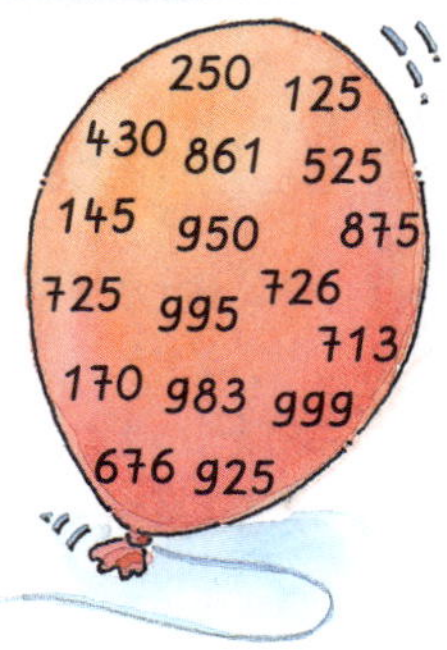


**4** Rechne aus.

1 t Zucker ______ Tüten zu je 1 kg.
1 t Kartoffeln ______ Säcke zu je 10 kg.
1 t Kartoffeln ______ Beutel zu je 5 kg.

1 t Margarine ______ Becher zu je 500 g.
1 t Butter ______ Stücke zu je 250 g.
1 t Kartoffeln ______ Beutel zu je 2500 g.

# Gewicht

zu Seite 35

**1** Gramm, Kilogramm oder Tonne?

**2** Wandle um.

a) 1375 kg = __ t ______ kg
2425 kg = __ t ______ kg
3840 kg = __ t ______ kg
1400 kg = __ t ______ kg

b) 4125 g = __ kg ______ g
2150 g = __ kg ______ g
5335 g = __ kg ______ g
3625 g = __ kg ______ g

c) 3140 g = __ kg ______ g
3075 g = __ kg ______ g
2005 g = __ kg ______ g
1300 g = __ kg ______ g

**3** Trage die Gewichte in die Stellentafel ein und schreibe sie mit Komma.

a)

| | t | kg | | | |
|---|---|---|---|---|---|
| 2125 kg | | | | | ______ t |
| 6015 kg | | | | | ______ t |
| 12125 kg | | | | | ______ t |
| 7250 kg | | | | | ______ t |
| 4340 kg | | | | | ______ t |

b)

| | kg | g | | | |
|---|---|---|---|---|---|
| 4925 g | | | | | ______ kg |
| 3250 g | | | | | ______ kg |
| 2075 g | | | | | ______ kg |
| 5105 g | | | | | ______ kg |
| 8275 g | | | | | ______ kg |

**4** a) 19 t 19 kg = ______ t
2 t 2 kg = ______ t
750 kg = ______ t

b) 15000 kg = ______ t
5240 kg = ______ t
900 kg = ______ t

c) $\frac{1}{2}$ t = ______ kg = ______ t
$\frac{1}{2}$ kg = ______ g = ______ kg
$\frac{3}{4}$ kg = ______ g = ______ kg

**5** a) Ein Lastwagen wiegt beladen 5,875 t, leer 3,125 t.
Berechne das Gewicht der Ladung. ____________

```
  5, 8 7 5 t
- 3, 1 2 5 t
____________
```

b) Ein Lastwagen wiegt leer 3,107 t, die Ladung wiegt 1,757 t. Wie schwer ist der Lastwagen? ____________

**6**

a)
```
  7, 5 0 0 t
- 3, 1 2 7 t
____________
```

b)
```
  6, 4 1 5 t
- 5, 3 7 8 t
____________
```

c)
```
  7, 1 7 5 t
- 0, 7 5 3 t
____________
```

d)
```
  2, 5 1 5 t
+ 3, 7 1 5 t
____________
```

# Sachaufgaben mit Skizzen lösen

zu Seite 36

**1** Herr Stein und Herr Grothe sind begeisterte Wanderer.
An einem Morgen beginnen beide gleichzeitig ihre Wanderung.
Herr Stein startet am Bergfuß, Herr Grothe am Berggipfel.
Herr Stein schafft in einer Stunde 6 km, Herr Grothe 7 km.
Nach $2\frac{1}{2}$ h treffen sie sich.
Wie lang ist der Wanderweg?

______________________________________________

**2** Tina, Anne und Jacob sind mit den Rädern unterwegs. Anne ist schneller als die beiden und fährt vor. Sie fährt in 10 min 3 km. Tina und Jacob schaffen in der gleichen Zeit 2 km. Nach 1 h hat Anne bereits das Ausflugsziel erreicht.

a) Wie weit ist Anne gefahren?

Antwort: ______________________

______________________________

b) Wie weit sind Tina und Jacob nach 1 h vom Ausflugsziel entfernt?

Antwort: ______________________

______________________________

c) Wie lange muss Anne auf die beiden warten?

Antwort: ______________________

______________________________

**3** Zwei Züge fahren sich auf einer Strecke von 560 km entgegen. Beide Züge fahren in einer Stunde 180 km. Nach einer Stunde hält der eine Zug wegen Problemen mit der Lokomotive an. Nach einer halben Stunde ist der Schaden behoben.
Wie weit sind die Züge jetzt voneinander entfernt?

______________________________________________

## Sachaufgaben mit Skizzen lösen

zu Seite 37

**1** a) Herr Schröder hat vor 4 Jahren einen Obstgarten angelegt. In jedem Jahr hat er doppelt so viele Obstbäume gepflanzt wie im Jahr vorher. Im 4. Jahr pflanzt er 24 Bäume. Wie viele Bäume hat er im 1. Jahr gepflanzt? Zeichne eine passende Skizze zu der Aufgabe.

b) Die Hälfte seiner Bäume aus dem 4. Jahr sind Kirschbäume. Die Hälfte der restlichen Bäume sind Apfelbäume. Die übrigen sind Birnbäume.

Wie viele Bäume sind keine Kirschbäume?

______________________________

______________________________

Wie viele Bäume sind Birnbäume?

______________________________

______________________________

**2** Wandle um.

a)
125 min = ___ h _______ min
150 min = ___ h _______ min
70 min = ___ h _______ min
30 min = ___ h _______ min

b)
2 h 15 min = ______ min
6 h 20 min = ______ min
4 h 35 min = ______ min
2 h 8 min = ______ min

c)
$1\frac{1}{2}$ h = ______ min
$2\frac{1}{4}$ h = ______ min
$3\frac{1}{4}$ h = ______ min
$1\frac{3}{4}$ h = ______ min

## Problemaufgabe

Ein Kartenspiel, das normalerweise 52 Karten hat, ist nicht mehr komplett.
Wenn man die Karten gleichmäßig auf 9 Personen aufteilt, bleiben 2 Karten übrig.
Wenn man sie auf 4 Personen aufteilt, bleiben 3 übrig.
Wenn man sie auf 7 Personen aufteilt, bleiben 5 übrig.
Wie viele Karten hat das Spiel noch?

# Multiplizieren mit großen Zahlen

zu Seite 38

**1** a) 5 · 7 = ____ b) 3 · 5 = ____ c) 3 · 50 = ____ d) 4 · 60 = ____ e) 40 · 4 = ____

| a) | b) | c) | d) | e) |
|---|---|---|---|---|
| 5 · 7 = ____ | 3 · 5 = ____ | 3 · 50 = ____ | 4 · 60 = ____ | 40 · 4 = ____ |
| 6 · 2 = ____ | 5 · 9 = ____ | 5 · 90 = ____ | 7 · 70 = ____ | 80 · 9 = ____ |
| 8 · 4 = ____ | 3 · 8 = ____ | 3 · 80 = ____ | 9 · 20 = ____ | 90 · 7 = ____ |
| 5 · 6 = ____ | 6 · 6 = ____ | 6 · 60 = ____ | 5 · 80 = ____ | 70 · 6 = ____ |

**2** a)

| · | 50 | 500 | 5000 |
|---|---|---|---|
| 4 | | | |
| 6 | | | |
| 8 | | | |

b)

| · | 70 | 900 | 3000 |
|---|---|---|---|
| 3 | | | |
| 6 | | | |
| 9 | | | |

**3** a)

| · | 300 | | 40 |
|---|---|---|---|
| 5 | | | |
| 2 | | 16000 | |
| | | | 280 |

b)

| · | 60 | 900 | 4000 |
|---|---|---|---|
| | 240 | | |
| 3 | | | 12000 |
| | | 1800 | |

**4** Schreibe passende Malaufgaben auf.

| 12000 | 72000 | 280000 | 240000 | 210000 |
|---|---|---|---|---|
| | | | | |
| | | | | |
| | | | | |
| | | | | |

**5** Addiere die Ergebnisse in jedem Päckchen. Die Summe ist angegeben.

| a) | b) | c) |
|---|---|---|
| 5 · 60 = ______ | 9 · 800 = ______ | 10 · 5000 = ______ |
| 8 · 5000 = ______ | 7 · 6000 = ______ | 7 · 300 = ______ |
| 4 · 3000 = ______ | 5 · 30 = ______ | 2 · 9000 = ______ |
| 3 · 900 = ______ | 4 · 70 = ______ | 0 · 80 = ______ |
| 55000 | 49630 | 70100 |

**6** Kannst du diese Aufgaben auch schon lösen?

| a) | b) | c) |
|---|---|---|
| 3 · 2500 = ______ | 6 · 9400 = ______ | 7 · 2500 = ______ |
| 4 · 6100 = ______ | 5 · 8700 = ______ | 8 · 1500 = ______ |
| 5 · 7200 = ______ | 9 · 3100 = ______ | 4 · 2400 = ______ |

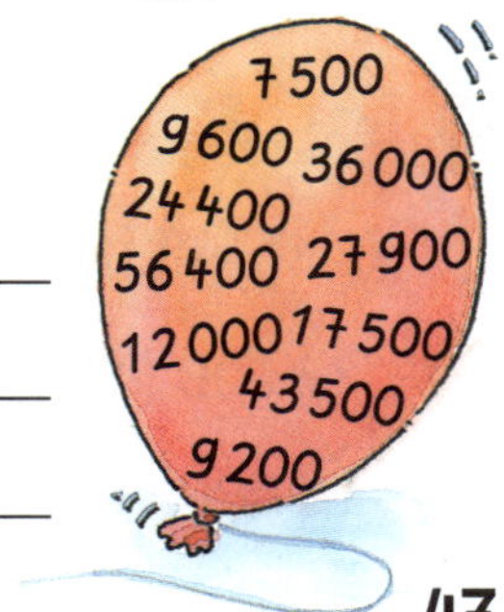

zu Seite 38

# Multiplizieren mit großen Zahlen

**1** a) 2 · 40 = ______ b) 4 · 60 = ______ c) 3 · 800 = ______ d) 2 · 900 = ______

2 · 400 = ______ 4 · 600 = ______ 3 · 8000 = ______ 2 · 9000 = ______

20 · 40 = ______ 40 · 60 = ______ 30 · 800 = ______ 20 · 900 = ______

200 · 4 = ______ 400 · 6 = ______ 3000 · 8 = ______ 2000 · 9 = ______

**2** Ergänze die Pfeilbilder.

a) 40 —·60→ ______ ; ↘ ·6 ______ ↗ ·10

b) 300 —·700→ ______ ; ↘ ___ ______ ↗ ___

c) 900 —·50→ ______ ; ↘ ___ ______ ↗ ___

d) 7000 —·40→ ______ ; ↘ ___ ______ ↗ ___

e) 3000 —·900→ ______ ; ↘ ___ ______ ↗ ___

f) 40 —·2000→ ______ ; ↘ ___ ______ ↗ ___

**3** Schreibe passende Malaufgaben auf.

| 48000 | 24000 | 36000 | 42000 | 54000 |
|---|---|---|---|---|
| 6 · | | | | |
| 60 · | | | | |
| 600 · | | | | |
| 6000 · | | | | |

**4** Rechne zuerst die einfache Einmaleinsaufgabe.

a) 7 · 500 = ______ b) 400 · 2 = ______ c) 300 · 9 = ______

6 · 800 = ______ 600 · 5 = ______ 700 · 2 = ______

d) 700 · 50 = ______ e) 60 · 60 = ______ f) 40 · 800 = ______

300 · 80 = ______ 40 · 40 = ______ 10 · 900 = ______

**5** a) 45 · 10 = ________ b) 36 · 100 = ________ c) 54 · 1000 = ________

45 · 20 = ________ 36 · 10 = ________ 23 · 1000 = ________

25 · 400 = ________ 35 · 200 = ________ 25 · 2000 = ________

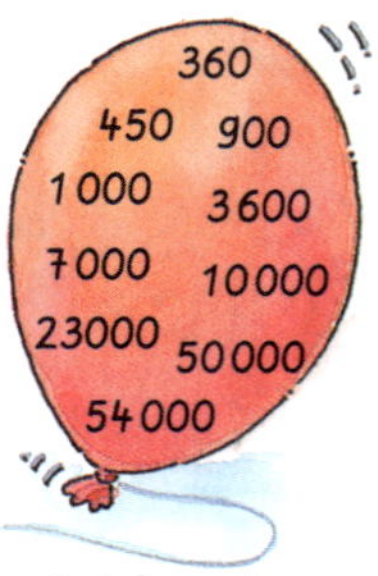


**6** Einige Aufgaben sind falsch. Streiche die überzähligen Nullen und ergänze die fehlenden.

a) 40 · 600 = 2400 b) 4000 · 800 = 320000 c) 2000 · 100 = 2000000

8000 · 20 = 160000 300 · 300 = 90000 50 · 40000 = 20000

5000 · 40 = 200000 2000 · 500 = 10000 700 · 800 = 560000

# Schriftliches Multiplizieren

zu Seite 39 – 40

**1** Die Aufgaben sind ganz einfach.

H Z E
243 · 2
H Z E

T H Z E
2132 · 3
T H Z E

T H Z E
2212 · 4
T H Z E

T H Z E
3231 · 3
T H Z E

H Z E
442 · 2
H Z E

T H Z E
3424 · 2
T H Z E

T H Z E
2133 · 3

T H Z E
2222 · 4

**2** 43424 · 2    22112 · 4    32133 · 3

**3** Tina hat zu den Malaufgaben einen Überschlag gemacht.
Färbe Aufgabe und Überschlag mit der gleichen Farbe.

500 · 7   4000 · 2   300 · 6   528 · 7   500 · 7   483 · 7   325 · 6   3698 · 2   5000 · 7   7895 · 5   5327 · 7   8000 · 5

**4** Überschlage zuerst, dann rechne schriftlich.

Ü: 300 · 3 =
325 · 3
5 1Z

Ü:
3262 · 3

Ü:
5312 · 3

Ü:
1324 · 3

Ü:
261 · 4

Ü:
3724 · 2

Ü:
543 · 2

Ü:
292 · 4

**5** Finde die drei Fehler. Rechne richtig in deinem Heft.

a) 481 · 4 = 1632 4   b) 765 · 3 = 2295   c) 517 · 5 = 2555   d) 899 · 4 = 3296   e) 924 · 6 = 5544

# Schriftliches Multiplizieren

zu Seite 40 – 41

**1** Überschlage zuerst, dann rechne schriftlich. Notiere die Überträge, wenn es nötig ist.

Ü:
3 6 4 · 5

Ü:
4 7 6 · 8

Ü:
9 4 2 · 9

Ü:
7 3 8 · 7

Ü:
6 2 7 · 6

Ü:
9 4 3 · 8

**2**

2 6 4 5 · 6

4 7 1 4 · 7

1 4 3 8 7 · 6

**3** Schreibe immer einen Überschlag auf. Rechne im Heft.

a) 2123 · 3 = ______ Ü: ________ = ______

b) 1241 · 4 = ______ Ü: ______________

c) 3124 · 3 = ______ Ü: ______________

d) 4172 · 2 = ______ Ü: ______________

e) 3812 · 4 = ______ Ü: ______________

f) 2612 · 7 = ______ Ü: ______________

g) 4236 · 6 = ______ Ü: ______________

h) 5276 · 8 = ______ Ü: ______________

**4** Aufgaben mit der 0. Überschlage zuerst und rechne dann im Heft.

a) 2103 · 2 = ______ Ü: ______________

b) 6310 · 4 = ______ Ü: ______________

c) 9089 · 6 = ______ Ü: ______________

d) 4902 · 7 = ______ Ü: ______________

e) 9607 · 8 = ______ Ü: ______________

f) 2086 · 5 = ______ Ü: ______________

g) 5190 · 4 = ______ Ü: ______________

h) 3093 · 8 = ______ Ü: ______________

**5** Wo liegt das Ergebnis? Kreuze an.

| Aufgabe | Das Ergebnis liegt zwischen | | | |
|---|---|---|---|---|
| | 0 und 10000 | 10000 und 50000 | 50000 und 100000 | 100000 und 1000000 |
| 9898 · 5 | | | | |
| 1840 · 4 | | | | |
| 12137 · 6 | | | | |
| 43212 · 5 | | | | |
| 21398 · 3 | | | | |
| 4872 · 2 | | | | |

**6** Welche Ziffern fehlen?

□ 7 9 8 · 5
2 3 9 9 □

□ 6 3 9 □ · 4
1 0 5 5 8 8

5 □ 0 3 1 · □
1 6 2 □ 9 3

9 1 □ 5 6 · 7
6 4 0 8 9 □

# Quadernetze

zu Seite 43 – 44

**1** Aus welchen Netzen kannst du einen Quader falten? Kreuze an.

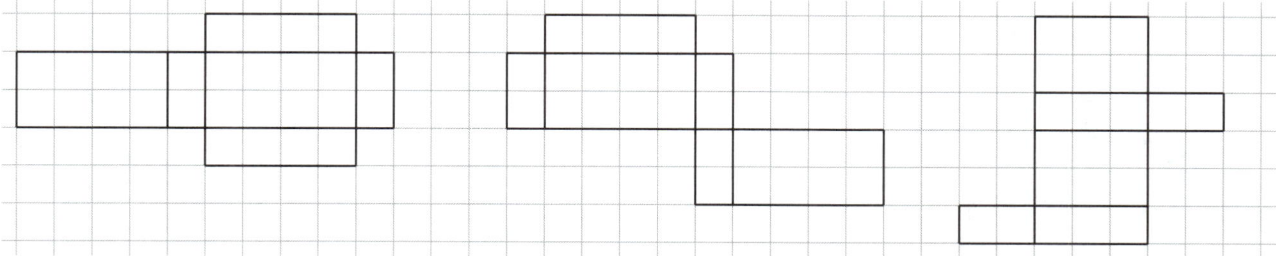

☐ ☐ ☐

**2** Färbe gegenüberliegende Flächen in derselben Farbe.

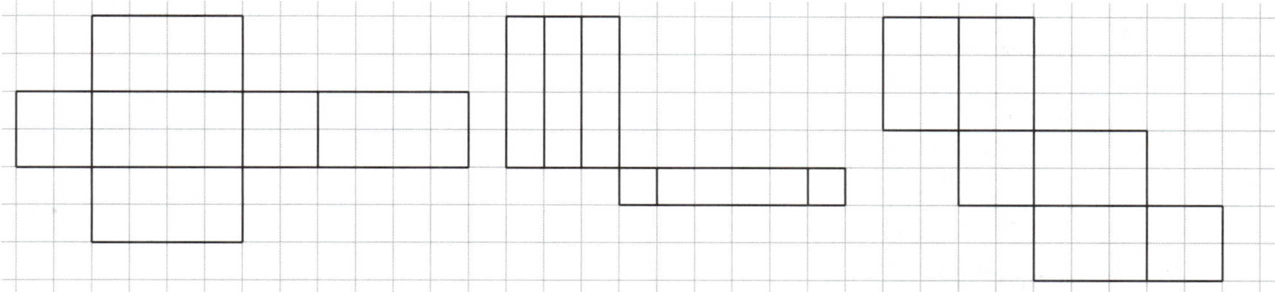

**3** Zeichne zu diesen Quadern Netze.

**4** Bei diesem Quader sind die gegenüberliegenden Fächen gleich gefärbt.
Welche Farbe liegt oben, wenn du den Quader kippst?

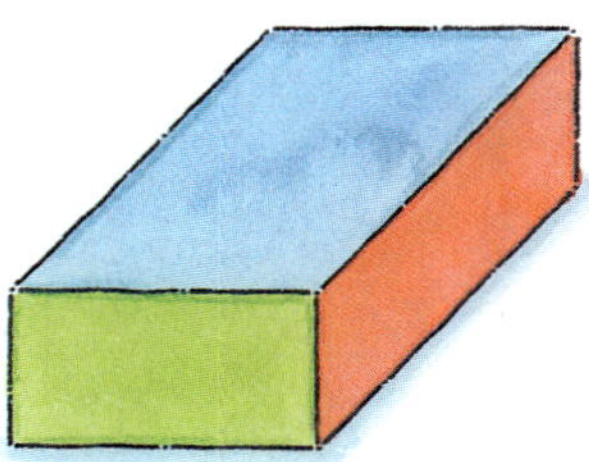

a) einmal nach hinten und einmal nach links? ________

b) dreimal nach rechts und zweimal nach vorne? ________

c) zweimal nach links und einmal nach hinten? ________

d) einmal nach vorne und dreimal nach rechts? ________

# Baupläne

zu Seite 45

**1** Buchstaben aus Würfeln. Wie viele Würfel werden benötigt?

a) 

_____ Würfel

b) 

_____ Würfel

c) 

_____ Würfel

**2** Zeichne einen Bauplan zu den Würfelgebäuden.

a) 

b) 

**3** Schreibe den Bauplan auf.

a) 

b) 

c) 

d) 

**4** Baue eine Treppe mit 12 Würfeln. Schreibe zwei Baupläne auf.

9

# Baupläne

zu Seite 45

**1** Tim will die beiden Figuren zu einem großen Würfel ergänzen.
Schreibe zuerst die Baupläne auf. Trage dann die fehlenden Würfel in den Bauplan ein.

| | | |
|---|---|---|
| 3+0 | 2+1 | 1+2 |
| 2+ | | |
| 2+ | | |

| | | | |
|---|---|---|---|
| | | | |
| | | | |
| | | | |
| 3+1 | 1+3 | 1+3 | 0+4 |

Insgesamt braucht Tim _____ kleine Würfel. Insgesamt braucht Tim _____ kleine Würfel.

**2** Die Figuren will Laura zu Quadern ergänzen. Dabei will sie die Höhe, die Länge und die Breite nicht verändern.

a) Schreibe die Baupläne auf.   b) Trage die fehlenden Würfel in den Bauplan ein.

| | | | |
|---|---|---|---|
| | | | |
| 3+0 | | | |

| | | |
|---|---|---|
| 0+2 | | |
| | | |

Laura braucht insgesamt _____ kleine Würfel. Insgesamt braucht sie _____ kleine Würfel.

**3** Wie viele kleine Würfel braucht man für einen großen Würfel?

a)

_______________ = _____

b)

_______________ = _____

**4** Fülle den Karton mit kleinen Würfeln. Wie viele kleine Würfel braucht man?

a)

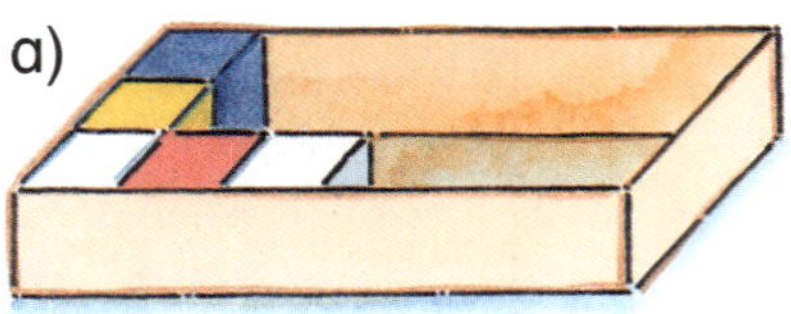

_______________

b)

_______________

c)

_______________

zu Seite 46 – 47

**1** Du hast drei verschiedene Messbecher. Wie oft musst du die Messbecher füllen, um die angegebene Flüssigkeitsmenge zu erhalten?

| | 10 l | 5 l | 25 l | 30 l | 80 l | 70 l | 100 l |
|---|---|---|---|---|---|---|---|
| 1 l-Becher | | | | | | | |
| $\frac{1}{4}$ l-Becher | | | | | | | |
| $\frac{1}{2}$ l-Becher | | | | | | | |

**2** Zeichne die Wassermenge in jeden Messbecher.

1 l = 1000 ml  $\frac{1}{2}$ l = _____ ml  $\frac{1}{4}$ l = _____ ml  $\frac{3}{4}$ l = _____ ml  $\frac{1}{8}$ l = _____ ml

**3** Wie viel fehlt an 1 l? Trage in die Tabelle ein.

| 500 ml | 250 ml | 750 ml | 180 ml | 365 ml | 444 ml | 990 ml | 423 ml |
|---|---|---|---|---|---|---|---|
| | | | | | | | |

**4** Auf einen Esslöffel passen 10 ml.

a) Wie viel Milliliter sind

10 Esslöffel _____ ml  15 Esslöffel _____ ml  20 Esslöffel _____ ml

40 Esslöffel _____ ml  100 Esslöffel _____ ml  1000 Esslöffel _____ ml

b) In eine Badewanne passen 300 l Wasser. Wie viele Esslöffel voll wären das?

Es sind __________ Esslöffel Wasser.

**5** Schreibe mit Komma.

a) 250 ml = _____ l  b) 850 ml = _____ l  c) 700 ml = _____ l  d) 50 ml = _____ l

750 ml = _____ l  125 ml = _____ l  100 ml = _____ l  500 ml = _____ l

**6** Nun umgekehrt. Wie viel Milliliter sind es?

a) 0,155 l = _____ ml  b) 0,1 l = _____ ml  c) 0,01 l = _____ ml  d) 0,25 l = _____ ml

0,425 l = _____ ml  0,5 l = _____ ml  0,05 l = _____ ml  0,75 l = _____ ml

**7** Für 100 l sagt man auch 1 Hektoliter (1 hl). Der Weinbauer füllt 7 hl in 1-Liter-Flaschen ab. Wie viele Flaschen füllt er? Wie viele Kartons mit 6 Flaschen werden voll?

___________________________________________

# Wasserverbrauch – Wasser sparen

**1** a) Eine Person verbraucht im Durchschnitt 130 l Wasser pro Tag.
Wie viel Liter benötigt sie zum Blumen gießen?

| Toiletten-spülung | Baden u. duschen | Wäsche waschen | Geschirr spülen | Zähne putzen | Kochen u. trinken | Blumen gießen | Auto waschen |
|---|---|---|---|---|---|---|---|
| 45 l | 45 l | 17 l | 10 l | 6 l | 4 l | ____ l | 1 l |

b) Familie Schöller besteht aus 4 Personen. Berechne den Wasserverbrauch:

An einem Tag: __________ Liter      In einer Woche: __________ Liter

In vier Wochen: __________ Liter

**2** Die Familien Schwarz, Klein und Norden haben für die Monate Mai, Juni und Juli ihren Wasserverbrauch in einem Diagramm dargestellt. Lies die Werte ab.

| | Schwarz | Klein | Norden |
|---|---|---|---|
| Mai | | | |
| Juni | | | |
| Juli | | | |

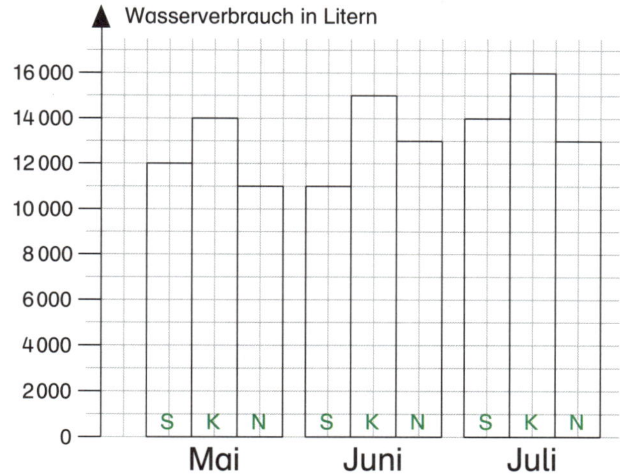


**3** Beim Duschen verbraucht man weniger Wasser als bei einem Vollbad.
Julia hat nachgemessen, dass 15 große Wassereimer in ihre Wanne passen.

Es sind _____ l.
Beim Duschen verbraucht sie nur 30 l Wasser. Wie oft kann sie duschen, bis sie eine Wanne voll hat?

Sie kann _____ mal duschen.

**4** Nur ein paar Tropfen?
Pia zählt, wie oft der Wasserhahn in 30 s tropft. Das Wasser fängt sie in einem Messbecher auf.

| Zeit | 30 s | 1 min | 10 min | 1 h | 6 h | 12 h | 24 h |
|---|---|---|---|---|---|---|---|
| Tropfen | 20 | | | | | | |
| Menge | 4 ml | | | | | | |

a) Wie viele Tropfen ergeben 1 ml? _____ Tropfen.

b) Wie lange dauert es, bis 1 l Wasser aus dem Hahn getropft ist?

Es dauert _______________ .

c) An einem Tag tropfen ungefähr $11\frac{1}{2}$ l aus dem Wasserhahn.
In wie viel Tagen ist eine Badewanne (ungefähr 140 l) voll?

Es dauert ungefähr _____ Tage.

# Wahrnehmung

**1** In jeder Reihe, Spalte und Diagonalen darf jede Eissorte nur einmal vorkommen.
Färbe die Eistüten in der passenden Farbe.

Erdbeer

Schoko

Vanille

Pistazie

Pfirsich

**2** Übertrage die Zahl in die anderen Gitter.

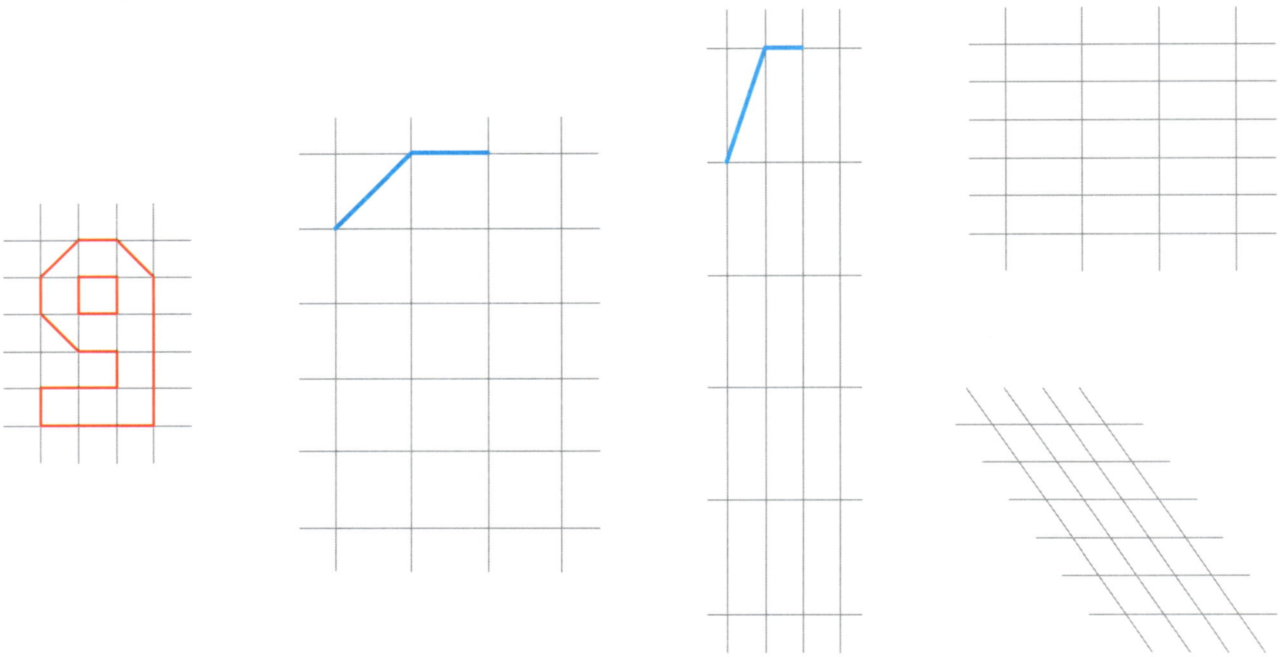

**3** Spiegele das Muster und male aus.

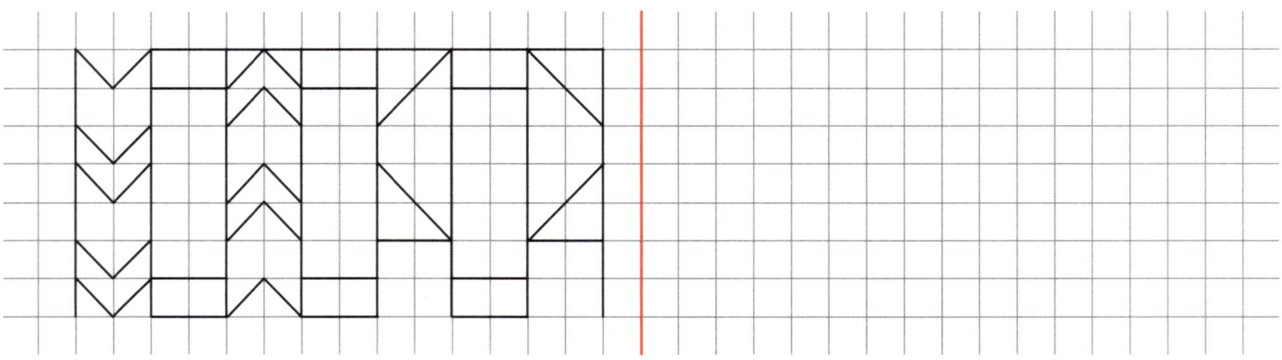

# Multiplizieren mit Zehnerzahlen

zu Seite 48

**1**

| · | 3 | 50 | 300 |
|---|---|---|---|
| 60 | | | |
| 70 | | | |
| 400 | | | |
| 900 | | | |

| · | 80 | 400 | 600 |
|---|---|---|---|
| 300 | | | |
| 500 | | | |
| 800 | | | |
| 700 | | | |

**2**

a) 521 —·30→ ____
·3 ↘ ____ ↗ ·10

b) 412 —·400→ ____
·4 ↘ ____ ↗ ·100

c) 215 —·500→ ____
·5 ↘ ____ ↗ ·100

d) 317 —·200→ ____
____ ↘ ____ ↗ ____

e) 1214 —·30→ ____
____ ↘ ____ ↗ ____

**3** Überschlage erst. Rechne dann genau.

Ü: 5000 · 30 = ____

5235 · 30

Ü: ____

4923 · 60

Ü: ____

6827 · 40

Ü: ____

3891 · 70

**4** Ordne die Ergebnisse. Beginne mit dem kleinsten. Was hat Einstein gegessen?

55 · 800 ____ R

267 · 600 ____ S

357 · 700 ____ C

618 · 800 ____ N

98 · 300 ____ W

628 · 400 ____ H

907 · 200 ____ T

1298 · 300 ____ E

128 · 300 ____ Ü

Lösungswort: ☐ ☐ ☐ ☐ ☐ ☐ ☐ ☐ ☐

**5**

a) 373 · 60 b) 197 · 80 c) 258 · 600

d) 274 · 50 e) 1387 · 40 f) 2408 · 300

# Multiplizieren mit großen Zahlen

zu Seite 49 – 50

**1** Die Schule bestellt 24 Musikinstrumente.
Ein Instrument kostet 52 €.
Wie viel Euro muss die Schule bezahlen?

______________________

52 · 24

**2** Alle Ergebnisse haben die Quersumme 15.

a) 26 · 48 b) 61 · 24 c) 57 · 38 d) 46 · 51 e) 75 · 92

**3** Überschlage und rechne.

Ü: 600 · 30 = ______

565 · 32

Ü:

237 · 62

Ü:

1527 · 45

Ü:

9618 · 35

**4** Im letzten Schuljahr war an 189 Tagen Unterricht.
Thomas muss jeden Tag 725 m hin und zurück zur Schule fahren.
Wie viel Kilometer sind das insgesamt?

______________________

725 · 189

**5** Alle Ergebnisse haben die Quersumme 24.

a) 654 · 187 b) 484 · 951 c) 733 · 321

**6** Löse schriftlich in deinem Heft.

a) 78 · 52 = ______
37 · 69 = ______
66 · 65 = ______

b) 187 · 76 = ______
291 · 42 = ______
407 · 84 = ______

c) 933 · 425 = ______
274 · 378 = ______
818 · 214 = ______

# Multiplizieren mit großen Zahlen

**1** Immer 2 Aufgaben haben dasselbe Ergebnis.

646 · 95     478 · 84     936 · 251

239 · 168     312 · 753     323 · 190

**2** Rechne schriftlich in deinem Heft. Mache auch einen Überschlag.

a) Ü: ____________
256 · 532 = ________

b) Ü: ____________
624 · 258 = ________

c) Ü: ____________
716 · 951 = ________

d) Ü: ____________
912 · 213 = ________

e) Ü: ____________
374 · 698 = ________

f) Ü: ____________
167 · 622 = ________

**3**

a) 378 · 95 = ________
407 · 83 = ________
215 · 99 = ________
473 · 32 = ________
608 · 71 = ________
317 · 95 = ________

b) 720 · 613 = ________
477 · 332 = ________
926 · 484 = ________
872 · 392 = ________
409 · 634 = ________
325 · 241 = ________

c) 892 · 120 = ________
432 · 250 = ________
641 · 205 = ________
582 · 307 = ________
903 · 264 = ________
617 · 312 = ________

**4** Wähle eine Zahl zwischen 900 und 1000.

a) Gedachte Zahl: ____________
Multipliziere sie mit 38: ____________
Multipliziere sie mit 62: ____________
Addiere die Ergebnisse: ____________

b) Gedachte Zahl: ____________
Multipliziere sie mit 450: ____________
Multipliziere sie mit 550: ____________
Addiere die Ergebnisse: ____________

Was stellst du fest? ______________________________

______________________________

**5**

```
362 · 4■
 ■■■■
   724
 15204
```

```
826 · ■4
 6608
 ■■■■
 69384
```

```
■73 · 34■
  819
  1092
     819
  ■■■■■
```

```
■■■ · 323
   636
    424
     ■■■
  ■■■■6
```

zu Seite 52

# Multiplizieren mit Kommazahlen

**1** Herr Fetz kauft für die Schule 45 Packungen Steckwürfel.
Eine Packung enthält 25 Würfel und kostet 6,95 €.

a) Wie viele Steckwürfel kauft Herr Fetz?

b) Wie teuer sind die Steckwürfel? Überschlage zuerst, dann rechne genau.

Ü:

**2** a) Addiere die Ergebnisse. Du erhältst die Zahl 1000.

3,85 € · 9    28,70 € · 6    158,63 € · 5

b) Jetzt ist die Summe 10000.

4,80 € · 25    17,94 € · 45    348,95 € · 26

**3** Die Kinder setzen alle Steckwürfel aus den 45 Packungen (Aufgabe 1) aneinander.
Ein Würfel ist genau 1,2 cm lang.
Reicht der Platz im Klassenzimmer aus?
Wie lang ist die gesamte Würfelstange?

______________________________

**4**

a) 2,75 € · 4 = ________ €
4,15 € · 6 = ________ €
0,75 € · 9 = ________ €
3,25 € · 5 = ________ €

b) 1,05 € · 8 = ________
9,65 € · 5 = ________
7,25 € · 7 = ________
8,04 € · 9 = ________

c) 14,25 € · 9 = ________
109,64 € · 6 = ________
95,64 € · 8 = ________
25,75 € · 7 = ________

d) 4,60 € · 12 = ________
3,15 € · 24 = ________
6,75 € · 15 = ________
5,05 € · 29 = ________

e) 8,35 € · 31 = ________
7,25 € · 25 = ________
9,07 € · 27 = ________
6,29 € · 35 = ________

f) 195,25 € · 19 = ________
205,07 € · 18 = ________
74,75 € · 21 = ________
317,09 € · 24 = ________

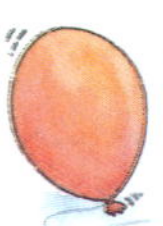

6,75 €   8,40 €   11,00 €   16,25 €   24,90 €   48,25 €   50,75 €   55,20 €   72,36 €
75,60 €   101,25 €   128,25 €   146,45 €   180,25 €   181,25 €   220,15 €   244,89 €
258,85 €   484,50 €   657,84 €   765,12 €   1569,75 €   3691,26 €   3709,75 €   7610,16 €

# Zum Denken, Knobeln und Rechnen

zu Seite 48 – 53

**1** a) Wähle dir 5 Ziffernkärtchen und bilde daraus eine drei- und eine zweistellige Zahl. Multipliziere beide Zahlen miteinander. Benutze die gleichen Ziffernkarten und rechne damit weitere Aufgaben.

0 1 2 3 4 5 6 7 8 9

Rechne schriftlich im Heft oder benutze einen Taschenrechner.

Aufgaben: ______________________________

b) Versuche ein möglichst großes, ein möglichst kleines Ergebnis zu erhalten. Wie müssen deine Zahlen aussehen?

Größtes Ergebnis ______________________________

Kleinstes Ergebnis ______________________________

**2** Nachbarzahlen multiplizieren. Rechne aus:

33 · 34    36 · 37    28 · 29    25 · 26    27 · 28

**3** Suche zwei Nachbarzahlen, das Produkt soll sein:

a) 600 = _____ · _____    b) 992 = _____ · _____    c) 1640 = _____ · _____

**4** Spiegelzahlen multiplizieren.

a) Rechne aus. Was fällt dir auf?

34 · 86    43 · 68    12 · 42    21 · 24

Mir ist aufgefallen: ______________________________

b) Gilt das immer? Probiere drei weitere Beispiele. Findest du Zahlenbeispiele, bei denen wir das gleiche entdecken? Schau dir die Ziffern der Zahlen in Aufgabe a genau an!

______________________________

# Vielfache und Teiler

zu Seite 56 – 57

**1**

| | | | | | | | | | |
|---|---|---|---|---|---|---|---|---|---|
| 1 | 2 | 3 | 4 | 5 | 6 | 7 | 8 | 9 | 10 |
| 11 | 12 | 13 | 14 | 15 | 16 | 17 | 18 | 19 | 20 |
| 21 | 22 | 23 | 24 | 25 | 26 | 27 | 28 | 29 | 30 |
| 31 | 32 | 33 | 34 | 35 | 36 | 37 | 38 | 39 | 40 |
| 41 | 42 | 43 | 44 | 45 | 46 | 47 | 48 | 49 | 50 |
| 51 | 52 | 53 | 54 | 55 | 56 | 57 | 58 | 59 | 60 |
| 61 | 62 | 63 | 64 | 65 | 66 | 67 | 68 | 69 | 70 |
| 71 | 72 | 73 | 74 | 75 | 76 | 77 | 78 | 79 | 80 |
| 81 | 82 | 83 | 84 | 85 | 86 | 87 | 88 | 89 | 90 |
| 91 | 92 | 93 | 94 | 95 | 96 | 97 | 98 | 99 | 100 |

a) Kreise alle Vielfachen von 2 rot ein.
Zeichne um alle Vielfachen von 5 ein grünes Dreieck.
Zeichne um alle Vielfachen von 10 ein blaues Quadrat.

b) Welche Zahlen sind gleichzeitig Vielfache von 5 und von 10?

______________________________

c) Welche Zahlen sind gleichzeitig Vielfache von 2 und 5 und 10?

______________________________

**2** a) Welche Zahlen sind keine Vielfachen von 5? Streiche sie durch.

5 10 15 21 25 30 36 40 45 50 71 75

Bei Vielfachen von 5 steht an der Einerstelle ______________________________.

b) Welche Zahlen sind keine Vielfachen von 2? Streiche sie durch.

20 22 24 30 36 39 45 50 52 54 68 74

Bei Vielfachen von 2 steht an der Einerstelle ______________________________.

**3** Welche Zahlen sind durch 2, durch 5, durch 10 teilbar? Kreuze an.

| | 48 | 60 | 72 | 80 | 125 | 130 | 152 | 200 |
|---|---|---|---|---|---|---|---|---|
| teilbar durch 2 | | | | | | | | |
| teilbar durch 5 | | | | | | | | |
| teilbar durch 10 | | | | | | | | |

**4** Suche alle Teiler.

**5** a) Teiler von 49: ______________________

Teiler von 45: ______________________

Teiler von 81: ______________________

b) Teiler von 23: ______________________

Teiler von 25: ______________________

Teiler von 37: ______________________

# Gleichungen und Ungleichungen

zu Seite 59

**1** Welche Zahlen müssen eingesetzt werden?

a) ■ + 87 = 500 ______
b) ■ − 114 = 970 ______
c) ■ · 6 = 72 ______

d) ■ + 304 = 1260 ______
e) ■ − 417 = 812 ______
f) ■ · 7 = 147 ______

**2** a) 137 + ■ = 416 ______
b) 938 − ■ = 214 ______
c) 9 · ■ = 135 ______
d) 153 : ■ = 51 ______

e) 249 + ■ = 1378 ______
f) 2474 − ■ = 917 ______
g) 7 · ■ = 847 ______
h) 984 : ■ = 246 ______

**3** Schreibe die Lösung auf.

a) 46 · ■ = 138
■ = ______

b) 5400 − ■ = 3100
■ = ______

c) 2700 : ■ = 900
■ = ______

d) 132 · ■ = 660
■ = ______

e) ■ + 1450 = 2830
■ = ______

f) ■ : 7 = 121
■ = ______

**4** Welche Zahlen musst du einsetzen, damit die Waagen im Gleichgewicht sind?

a) 4800 : 60 = ____ : 70

5 · 500 = ____ · 250
4 · 800 = ____ · 16
6 · 900 = ____ · 9

b) 3250 + 950 = ____ + 750

7350 − 870 = ____ − 470
6490 + 120 = ____ + 420
9455 − 345 = ____ + 545

**5** Welche Zahl kannst du einsetzen? Schreibe immer drei Möglichkeiten auf.

a) 4 · ■ < 20
0, ______

b) 30 · ■ < 150 ______

c) 400 · ■ < 2400 ______

d) 7 · ■ < 30 ______

e) 90 · ■ < 180 ______

f) 250 · ■ < 4000 ______

**6** Findest du alle Lösungen?

a) 2506 + ■ < 2509 ______
b) 70 · ■ < 360 ______
c) 1304 − ■ > 1299 ______
d) 36 · ■ < 180 ______

e) 3999 + ■ < 4002 ______
f) 900 · ■ < 5400 ______
g) 6398 − ■ > 6394 ______
h) 24 · ■ < 72 ______

# Zeit

zu Seite 60

**1** Wie viel Zeit vergeht, wenn der Zeiger das Ziffernblatt der Uhr einmal umkreist?

| Zeiger | Sekundenzeiger | Minutenzeiger | Stundenzeiger |
|---|---|---|---|
| Zeit | ______ = ______ | ______ = ______ | ______ = ______ |

**2** Wandle um.

| a) | b) | c) | d) |
|---|---|---|---|
| 5 min = _____ s | 360 s = _____ min | 4 h = _____ min | 60 min = _____ h |
| 17 min = _____ s | 600 s = _____ min | 10 h = _____ min | 180 min = _____ h |
| 30 min = _____ s | 1200 s = _____ min | 24 h = _____ min | 300 min = _____ h |
| $\frac{1}{2}$ min = _____ s | 2400 s = _____ min | $\frac{1}{2}$ h = _____ min | 15 min = _____ h |
| $\frac{1}{4}$ min = _____ s | 30 s = _____ min | $\frac{1}{4}$ h = _____ min | 45 min = _____ h |

**3** Fülle aus, dann wandle um.

*1 Woche = _____ Tage* *1 Jahr = _____ Monate* *1 Jahr = _____ Tage ( _____ Tage)*

| | | |
|---|---|---|
| $\frac{1}{2}$ Jahr = ____ Monate | 60 Monate = ____ Jahre | 4 Wochen 5 Tage = ____ Tage |
| $1\frac{1}{2}$ Jahre = ____ Monate | 15 Monate = ____ Jahre | 3 Wochen 3 Tage = ____ Tage |
| $\frac{1}{4}$ Jahr = ____ Monate | 30 Monate = ____ Jahre | 2 Wochen 4 Tage = ____ Tage |
| $\frac{3}{4}$ Jahr = ____ Monate | 33 Monate = ____ Jahre | 9 Wochen 2 Tage = ____ Tage |

**4** *Ein Arbeitstag*

*Wenn morgens der Wecker klingelt, ist der neue Tag schon 400 min alt. Eine dreiviertel Stunde später schließe ich meine Wohnungstür ab und gehe zur Bushaltestelle. Die Fahrt mit dem Bus dauert ungefähr 900 s. Um 7.55 Uhr steige ich aus. Ich laufe dann ganz schnell zu meiner Firma, denn in einer Viertelstunde beginnt meine Arbeit. Die Arbeitszeit beträgt 420 min. Die Frühstückspause ist 1200 s lang und die Mittagspause dauert eine halbe Stunde. Um 16.15 fährt der Bus zurück, der nächste fährt 17 min später.*

① Der Wecker klingelt um ______ Uhr.

② Wann schließe ich meine Wohnungstür ab? ______ Uhr

③ Wie lange gehe ich zur Bushaltestelle? ______ min

④ Die Arbeit beginnt um ______ Uhr.

⑤ Um ______ Uhr kann ich meine Arbeit beenden.

⑥ Wie viel Zeit habe ich bis zur Abfahrt des Busses? ______ min

⑦ Wann fährt der spätere Bus ab? ______ Uhr

# Fahrplan

zu Seite 61

**131** Linden/Bf – Maschsee/Sprengel Museum – Linden/Bf

| TZ Haltestellen | | | | | | | | | | |
|---|---|---|---|---|---|---|---|---|---|---|
| H2 Linden/Bf | 7.09 | 7.19 | 7.29 | 7.39 | 7.49 | 7.59 | 8.12 | 8.23 | 8.35 | 8.50 |
| H1 Fischerhof/Fachhochschule | 7.10 | 7.20 | 7.30 | 7.40 | 7.50 | 8.00 | 8.13 | 8.24 | 8.36 | 8.51 |
| Stadionbrücke | 7.12 | 7.22 | 7.32 | 7.42 | 7.52 | 8.02 | 8.14 | 8.25 | 8.37 | 8.52 |
| Krankenhaus Siloah | 7.14 | 7.24 | 7.34 | 7.44 | 7.54 | 8.04 | 8.16 | 8.27 | 8.39 | 8.54 |
| Charlottenstraße | 7.16 | 7.26 | 7.36 | 7.46 | 7.56 | 8.06 | 8.17 | 8.28 | 8.40 | 8.55 |
| Deisterplatz/Bornumer Straße | 7.19 | 7.29 | 7.39 | 7.49 | 7.59 | 8.09 | 8.19 | 8.30 | 8.42 | 8.57 |
| Lindener Berg | 7.20 | 7.30 | 7.40 | 7.50 | 8.00 | 8.10 | 8.20 | 8.31 | 8.43 | 8.58 |
| Martinskirche | 7.22 | 7.32 | 7.42 | 7.52 | 8.02 | 8.12 | 8.22 | 8.33 | 8.45 | 9.00 |
| Nieschlagstraße | 7.23 | 7.33 | 7.43 | 7.53 | 8.03 | 8.13 | 8.23 | 8.34 | 8.46 | 9.01 |
| Maschsee/Sprengel Museum | 8.02 | 8.12 | 8.22 | 8.32 | 8.42 | 8.52 | 9.02 | 9.13 | 9.25 | 9.40 |
| Niedersachsenstadion | 8.03 | 8.13 | 8.23 | 8.33 | 8.43 | 8.53 | 9.03 | 9.14 | 9.26 | 9.41 |
| Stadionbad | 8.04 | 8.14 | 8.24 | 8.34 | 8.44 | 8.54 | 9.04 | 9.15 | 9.27 | 9.42 |
| Sporthalle | 8.05 | 8.15 | 8.25 | 8.35 | 8.45 | 8.55 | 9.05 | 9.16 | 9.28 | 9.43 |
| Stadionbrücke | 8.06 | 8.16 | 8.26 | 8.36 | 8.46 | 8.56 | 9.06 | 9.17 | 9.29 | 9.44 |
| H1 Fischerhof/Fachhochschule | 8.08 | 8.18 | 8.28 | 8.38 | 8.48 | 8.58 | 9.08 | 9.19 | 9.31 | 9.46 |
| H2 Linden/Bf | 8.10 | 8.20 | 8.30 | 8.40 | 8.50 | 9.00 | 9.10 | 9.21 | 9.33 | 9.48 |

**132** Linden/Bf – Aegidientorplatz – Deisterplatz – Linden/Bf

| TZ Haltestellen | Montag – Freitag | | | | | | | | | |
|---|---|---|---|---|---|---|---|---|---|---|
| H2 Linden/Bf | 7.08 | 7.19 | 7.29 | 7.39 | 7.49 | 7.59 | 8.12 | 8.23 | 8.35 | 8.50 |
| H1 Fischerhof/Fachhochschule | 7.09 | 7.20 | 7.30 | 7.40 | 7.50 | 8.00 | 8.13 | 8.24 | 8.36 | 8.51 |
| Stadionbrücke | 7.10 | 7.21 | 7.31 | 7.41 | 7.51 | 8.01 | 8.14 | 8.25 | 8.37 | 8.52 |
| Sporthalle | 7.12 | 7.23 | 7.33 | 7.43 | 7.53 | 8.03 | 8.15 | 8.26 | 8.38 | 8.53 |
| Stadionbad | 7.13 | 7.24 | 7.34 | 7.44 | 7.54 | 8.04 | 8.16 | 8.27 | 8.39 | 8.54 |
| Niedersachsenstadion | 7.14 | 7.25 | 7.35 | 7.45 | 7.55 | 8.05 | 8.17 | 8.28 | 8.40 | 8.55 |
| Maschsee/Sprengel Museum | 7.16 | 7.27 | 7.37 | 7.47 | 7.57 | 8.07 | 8.19 | 8.30 | 8.42 | 8.57 |
| Bleichenstraße | 7.17 | 7.28 | 7.38 | 7.48 | 7.58 | 8.08 | 8.20 | 8.31 | 8.43 | 8.58 |
| Aegidientorplatz | 7.20 | 7.31 | 7.41 | 7.51 | 8.01 | 8.11 | 8.22 | 8.33 | 8.45 | 9.00 |
| Lindener Marktplatz | 7.56 | 8.07 | 8.17 | 8.27 | 8.37 | 8.47 | 8.54 | 9.05 | 9.17 | 9.32 |
| Nieschlagstraße | 7.58 | 8.09 | 8.19 | 8.29 | 8.39 | 8.49 | 8.56 | 9.07 | 9.19 | 9.34 |
| Martinskirche | 7.59 | 8.10 | 8.20 | 8.30 | 8.40 | 8.50 | 8.57 | 9.08 | 9.20 | 9.35 |
| Lindener Berg | 8.00 | 8.11 | 8.21 | 8.31 | 8.41 | 8.51 | 8.58 | 9.09 | 9.21 | 9.36 |
| Deisterplatz/Bornumer Straße | 8.01 | 8.12 | 8.22 | 8.32 | 8.42 | 8.52 | 8.59 | 9.10 | 9.22 | 9.37 |
| H1 Fischerhof/Fachhochschule | 8.04 | 8.15 | 8.25 | 8.35 | 8.45 | 8.55 | 9.01 | 9.12 | 9.24 | 9.39 |
| H2 Linden/Bf | 8.06 | 8.17 | 8.27 | 8.37 | 8.47 | 8.57 | 9.03 | 9.14 | 9.26 | 9.41 |

**1** a) Wann fährt die Linie 131 vom Lindener Bahnhof ab? Schreibe die Uhrzeiten auf.

7.09 Uhr, ______________________

______________________

b) In welchen Abständen fährt die Linie 131 vom Lindener Bahnhof ab?

______________________

c) Berechne die Fahrzeiten.

| Strecke | Linie 131 | Linie 132 |
|---|---|---|
| Linden – Stadionbrücke | | |
| Linden – Deisterplatz | | |
| Stadionbrücke – Sporthalle | | |
| Maschsee – Linden | | |
| Sporthalle – Linden | | |
| Linden – Linden | | |

**2** Tom fährt täglich mit dem Bus zur Schule. Bis zur Bushaltestelle „Lindener Bahnhof" muss er 8 min gehen. Vom Deisterplatz läuft er noch 5 min bis zur Schule. Die Schule beginnt jeden Tag um 8.15 Uhr.

a) Mit welcher Buslinie wird Tom wohl zur Schule fahren? ______________________

b) Welche Buslinie wird er für den Rückweg benutzen? ______________________

c) Wann muss Tom losgehen, damit er rechtzeitig in der Schule ist?

Antwort: ______________________

d) Toms Freund nimmt den Bus vom Maschsee zum Deisterplatz.

Wann fährt er am Maschsee ab? ______
Wie viele Minuten fährt er insgesamt?

Antwort: ______________________

**3** Die Linien 306 und 307 fahren um 7.10 vom ZOB ab. Die Linie 306 ist nach 30 min wieder am ZOB, die Linie 307 nach 40 min. Wann fahren sie wieder gleichzeitig los?

Antwort: ______________________

zu Seite 60 – 61

# Länge und Zeit

**1** Die Klasse 4d plant einen Ausflug. Die Lehrerin hat eine Wanderkarte mitgebracht.

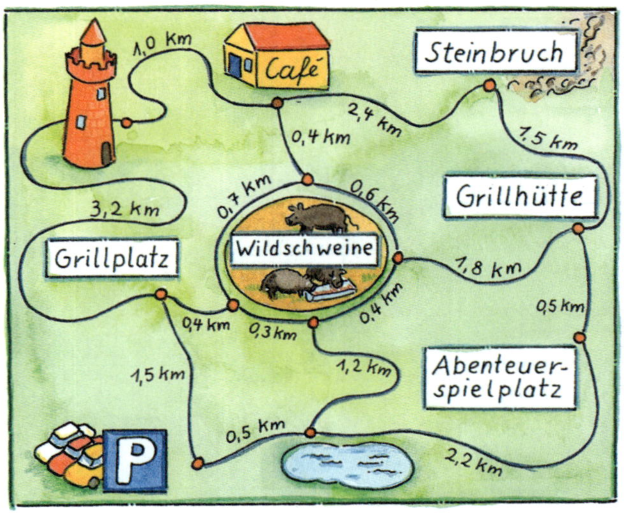


a) Die Kinder machen Vorschläge für mögliche Wanderwege. Berechne die Entfernungen in deinem Heft.

Ⓐ: Parkplatz – See – Wildschweingehege – Grillplatz – Parkplatz:

______ km

Ⓑ: Parkplatz – See – Abenteuerspielplatz – Grillhütte – Wildschweingehege – See – Parkplatz:

______ km

Ⓒ: Parkplatz – Grillplatz – Aussichtsturm – Ausflugs-Café – Parkplatz: ______ km

b) Schreibe selbst einen Wanderweg auf. Der Weg darf nicht länger als 10 km sein und soll wieder am Parkplatz enden.

________________________________________

c) Die Klasse hat sich für den Wanderweg Ⓑ entschieden. Sie möchte wissen, wie lange sie ungefähr unterwegs sind. Gewöhnlich laufen sie in einer halben Stunde 2 km.

| Zeit | $\frac{1}{2}$ h | $\frac{1}{4}$ h | $1\frac{1}{2}$ h | 2 h |
|---|---|---|---|---|
| Weg | | | | |

Fülle die Tabelle aus, dann berechne die Zeit für den Wanderweg Ⓑ.

Sie brauchen für den Weg zwischen ______ und ______ Stunden.

**2** Einige Kinder möchten vom Wildschweingehege (Futterhaus) über den Grillplatz zurück zum Parkplatz.

a) Wie lang ist die Strecke? ________________________________

b) Wie lange brauchen sie, wenn sie 100 m pro Minute gehen? Lege eine Tabelle an.

| Weg | 100 m | 200 m | 500 m | 1 km | |
|---|---|---|---|---|---|
| Zeit | 1 min | | | | |

c) Wie weit sind die anderen in der gleichen Zeit gelaufen, wenn sie 70 m pro Minute gehen? Lege eine Tabelle an.

| Zeit | 1 min | 2 min | |
|---|---|---|---|
| Weg | 70 m | | |

d) Wie viel Kilometer würden die beiden Gruppen jeweils in einer Stunde zurücklegen?

| Zeit | 1 min | 10 min | |
|---|---|---|---|
| | 100 m | | |
| | 70 m | | |

# Preisvergleiche

zu Seite 62

**1** Bestimme den Preis oder das Gewicht.

a) 1 kg Weintrauben kostet 2,80 €.

| | | | | | | | |
|---|---|---|---|---|---|---|---|
| 1000 g | 500 g | 1500 g | 750 g | | | | |
| 2,80 € | | | | 5,60 € | 0,70 € | 3,50 € | 7,00 € |

b) 100 g Pilze kosten 0,90 €.

| | | | | | | | |
|---|---|---|---|---|---|---|---|
| 100 g | 200 g | 500 g | 50 g | | | | |
| 0,90 € | | | | 9,00 € | 6,75 € | 2,70 € | 3,15 € |

c) 500 g Äpfel kosten 1,10 €.

| | | | | | | | |
|---|---|---|---|---|---|---|---|
| 500 g | 1000 g | 750 g | 1500 g | | | | |
| 1,10 € | | | | 4,40 € | 3,30 € | 8,80 € | 11,00 € |

**2** Gleiche Menge, aber unterschiedliche Preise. Rechne und vergleiche.

1 Beutel: ______ €
5 Beutel: ______ €
Sack: ______ €

1 Topf: ______ €
4 Töpfe: ______ €
Großpackung: ______ €

1 Packung: ______ €
3 Packungen: ______ €
Großpackung: ______ €

0,65 € · 4

**3** Ich nehme immer das große Glas. Das ist günstiger.

Stimmt das?

**4** Vergleiche die Preise. Was ist günstiger? Kreuze an.

Limonade
- ☐ 0,2 l-Flasche 0,45 €
- ☐ 1,0 l-Flasche 1,79 €

Schokolade
- ☐ 100 g-Tafel 0,69 €
- ☐ 200 g-Tafel 1,29 €

Eis
- ☐ 750 g-Packung 2,50 €
- ☐ 1 l-Packung 3,20 €

# Halbschriftliches Dividieren

zu Seite 64

**1**

| : 8 | |
|---|---|
| 40 | |
| 48 | |
| 400 | |
| 480 | |

| : 7 | |
|---|---|
| 28 | |
| 35 | |
| 2800 | |
| 3500 | |

| : 9 | |
|---|---|
| 45 | |
| 54 | |
| 4500 | |
| 5400 | |

| : 6 | |
|---|---|
| 4200 | |
| 3600 | |
| 42000 | |
| 36000 | |

**2** Rechne zuerst die einfache Geteiltaufgabe.

a) 4800 : 6 = ______
48 : 6 = ______

b) 63000 : 7 = ______
______

c) 280000 : 7 = ______
______

d) 2100 : 3 = ______
______

e) 150000 : 3 = ______
______

f) 450000 : 9 = ______
______

**3**

a) 5400 : 6 = ______
5600 : 7 = ______
2800 : 4 = ______
3200 : 8 = ______

b) 27000 : 3 = ______
35000 : 5 = ______
72000 : 8 = ______
28000 : 7 = ______

c) 160000 : 4 = ______
120000 : 3 = ______
420000 : 7 = ______
640000 : 8 = ______

**4** Rechne auf deinem Weg.

1500 : 6 =

4400 : 8 =

2700 : 5 =

**5** Wenn nötig, schreibe die Zwischenschritte in dein Heft oder auf ein Blatt Papier.

a) 1900 : 5 = ______
2200 : 4 = ______
2100 : 6 = ______
5200 : 8 = ______

b) 42000 : 4 = ______
33000 : 6 = ______
60000 : 8 = ______
44000 : 5 = ______

c) 168000 : 4 = ______
440000 : 8 = ______
154000 : 7 = ______
930000 : 3 = ______

**6** a) Herr Schmidt fährt zusammen mit seinen drei Freunden in den Urlaub. Sie haben gemeinsam ein Wohnmobil für 1400 € gemietet.

Wie viel Euro muss jeder bezahlen? ______ €

b) Einer der Freunde kann nicht mitfahren. Sie entscheiden sich deshalb für ein Wohnmobil für 1110 €.

Wie viel Euro muss jetzt jeder bezahlen? ______ €

# Halbschriftliches Dividieren

zu Seite 65

**1** Rechne auf deinem Weg.

1625 : 5 = ______ 2848 : 4 = ______ 7254 : 6 = ______

**2** Schreibe die Zwischenschritte in dein Heft oder auf ein Blatt Papier.

a) 3159 : 3 = ______
2124 : 3 = ______
2823 : 3 = ______
6711 : 3 = ______

b) 4496 : 8 = ______
4176 : 8 = ______
3440 : 8 = ______
6288 : 8 = ______

c) 3528 : 9 = ______
2754 : 9 = ______
3663 : 9 = ______
4653 : 9 = ______

**3** Einstein hat Aufgaben schrittweise gerechnet. Die Aufgaben und die Teilaufgaben sind durcheinander geraten. Was gehört zusammen? Färbe mit der gleichen Farbe.

2154 : 6 | 2472 : 6 | 2905 : 7 | 3934 : 7 | 3288 : 6 | 1800 : 6 | 2400 : 6 | 300 : 6 | 12 : 6 | 240 : 6 | 54 : 6 | 60 : 6 | 70 : 7 | 14 : 7 | 2800 : 7 | 3500 : 7 | 48 : 6 | 35 : 7 | 3000 : 6 | 420 : 7

**4**

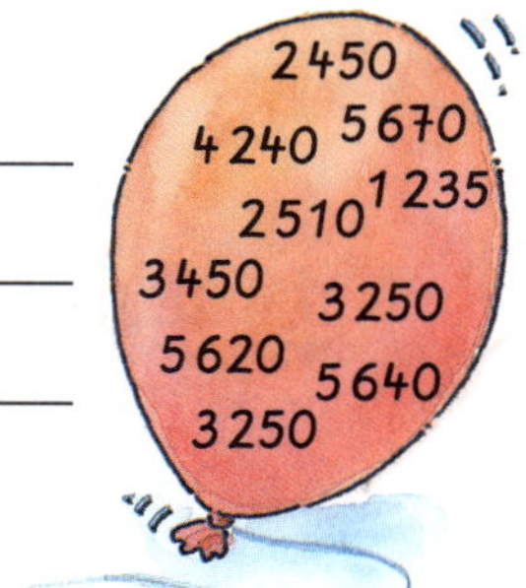


a) 8645 : 7 = ______
19600 : 8 = ______
15060 : 6 = ______

b) 16250 : 5 = ______
20700 : 6 = ______
29680 : 7 = ______

c) 22480 : 4 = ______
26000 : 8 = ______
28200 : 5 = ______

**5** Hier bleibt immer ein Rest. Rechne im Heft.

a) 325 : 4 = ____ Rest __
427 : 4 = ____ Rest __
2606 : 4 = ____ Rest __

b) 249 : 6 = ____ Rest __
2416 : 6 = ____ Rest __
5525 : 6 = ____ Rest __

c) 6448 : 7 = ____ Rest __
4965 : 7 = ____ Rest __
3715 : 7 = ____ Rest __

*Reste: 1 1 2 2 3 3 4 5 5*

**6** Wie heißt die Aufgabe?

a) ____ : 3 = 52 Rest 1
____ : 4 = 69 Rest 2
____ : 5 = 55 Rest 1
____ : 3 = 46 Rest 1

b) ____ : 6 = 94 Rest 5
____ : 7 = 51 Rest 4
____ : 8 = 48 Rest 3
____ : 2 = 38 Rest 2

c) ____ : 6 = 22 Rest 3
____ : 4 = 91 Rest 2
____ : 7 = 37 Rest 4
____ : 9 = 26 Rest 7

# Schriftliches Dividieren

zu Seite 66

**1** Rechne schriftlich.

8675 : 5 =        9354 : 3 =

**2**

a) 579 : 3 = ______

648 : 3 = ______

972 : 3 = ______

1112 : 4 = ______

b) 6555 : 5 = ______

8060 : 5 = ______

7680 : 6 = ______

4520 : 8 = ______

c) 8764 : 7 = ______

12285 : 9 = ______

9024 : 8 = ______

5024 : 4 = ______

**3** Welche Zahl ist günstig für einen Überschlag? Bestimme das genaue Ergebnis.

a) Ü: ______________

61935 : 5 = ______

b) Ü: ______________

4504 : 4 = ______

c) Ü: ______________

95460 : 4 = ______

d) Ü: ______________

88641 : 3 = ______

e) Ü: ______________

9944 : 8 = ______

f) Ü: ______________

90594 : 7 = ______

4000    60000    91000    9600    100000    90000

## Problemaufgabe

Die Kugel Eis ist in diesem Jahr 10 ct teurer geworden. Jetzt kosten 5 Kugeln genauso viel wie im letzten Jahr 6 Kugeln. Wie teuer ist eine Kugel heute?

# Schriftliches Dividieren

zu Seite 67

**1** Ein Boot hat an einem Vormittag 1332 Personen von einem Ufer zum anderen gebracht. Es hat insgesamt 9-mal abgelegt. Das Boot war immer voll besetzt. Wie viele Fahrgäste haben auf dem Boot Platz?

______________________________

______________________________

**2**

a) 42364 : 7 = ______
40080 : 5 = ______
16941 : 3 = ______

b) 21372 : 6 = ______
10276 : 4 = ______
90640 : 2 = ______

c) 18125 : 5 = ______
25432 : 4 = ______
45568 : 8 = ______

d) 6657 : 7 = ______
4325 : 5 = ______
3804 : 4 = ______

e) 954 : 6 = ______
5067 : 9 = ______
1988 : 4 = ______

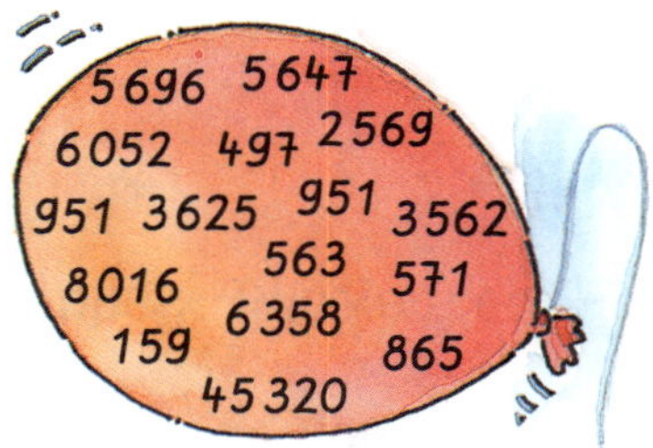


**3** Woran denkt Pia? Ordne die Ergebnisse der Größe nach.

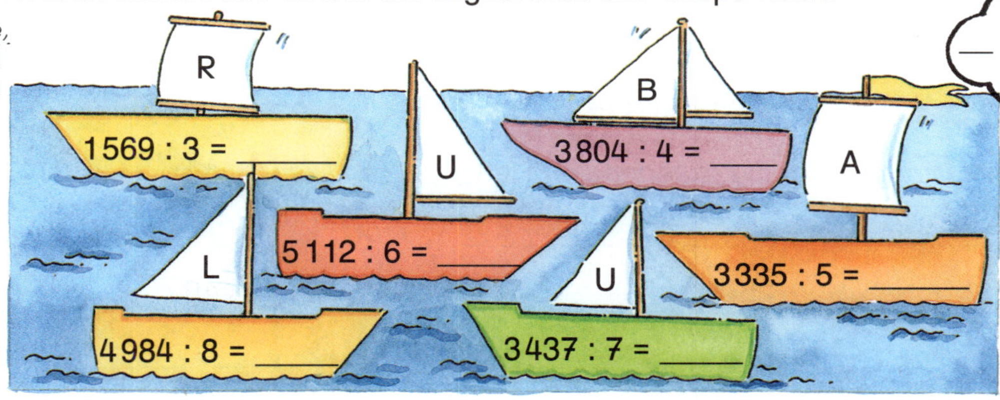

**4** In welchen Hafen fahren die Schiffe? Ordne zu.

**5** Welche Ziffern fehlen?

a) 4 2 ■ : 3 = 142
8 ■ 2 : 4 = 213
9 8 ■ : 5 = 196
8 ■ 2 : 6 = 137

b) 9 ■ 6 : 2 = ■ 6 3
6 7 ■ : 6 = 1 ■ 2
■ 1 8 : 3 = 3 0 ■
6 3 ■ : 5 = 1 ■ 6

c) ■ 6 8 : 8 = ■ 2 1
■ 8 7 : 7 = 1 4 ■
9 0 ■ : 8 = 1 ■ 3
■ 3 6 : 4 = 2 0 ■

# Dividieren durch Zehnerzahlen

zu Seite 69

**1**

12000 :60 → ___ ; :10 ↘ ___ ↗ :6

12000 :600 → ___ ; :100 ↘ ___ ↗ :6

12000 :6000 → ___ ; :1000 ↘ ___ ↗ :6

490000 :700 → ___ ; ↘ ___ ↗

560000 :80 → ___ ; ↘ ___ ↗

360000 :9000 → ___ ; ↘ ___ ↗

**2** a)

| | : 80 | : 800 | : 8000 |
|---|---|---|---|
| 160000 | | | |
| 480000 | | | |
| 560000 | | | |
| 64000 | | | |

b)

| | : 90 | : 900 | : 9000 |
|---|---|---|---|
| 450000 | | | |
| 630000 | | | |
| 270000 | | | |
| 72000 | | | |

**3** Färbe gleiche Ergebnisse mit der gleichen Farbe.

28000 : 4    24000 : 8    560000 : 80    480000 : 8000

900000 : 300    360 : 6    16000 : 4    240000 : 60

**4** Mache zuerst einen Überschlag. Dann rechne im Heft.

a) Ü: ___
49360 : 40 = ___

b) Ü: ___
25920 : 60 = ___

c) Ü: ___
32840 : 40 = ___

d) Ü: ___
31050 : 50 = ___

e) Ü: ___
13080 : 30 = ___

f) Ü: ___
77760 : 80 = ___

g) Ü: ___
20790 : 90 = ___

h) Ü: ___
27040 : 80 = ___

i) Ü: ___
39680 : 40 = ___

**5**

a) 2440 : 40 = ___
4340 : 70 = ___
5520 : 60 = ___
8370 : 90 = ___

b) 67920 : 80 = ___
19460 : 70 = ___
16280 : 20 = ___
30120 : 40 = ___

c) 283900 : 50 = ___
196290 : 30 = ___
164150 : 70 = ___
111060 : 90 = ___

**6**

a) 104200 : 40 = ___
324300 : 60 = ___
280420 : 70 = ___

b) 177750 : 90 = ___
283920 : 70 = ___
406880 : 80 = ___

# Vergrößern und Verkleinern

zu Seite 70 – 71

**1** a) Vergrößere das Rechteck im Maßstab 2 : 1.
b) Vergrößere es auch im Maßstab 3 : 1.

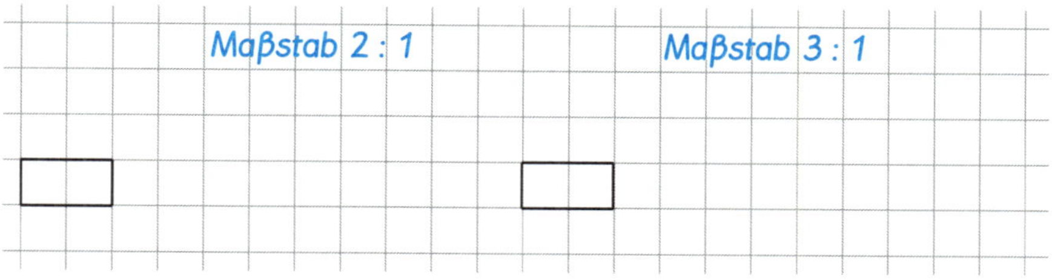


**2** a) Vergrößere den Hund und den Fisch im Maßstab 2 : 1.

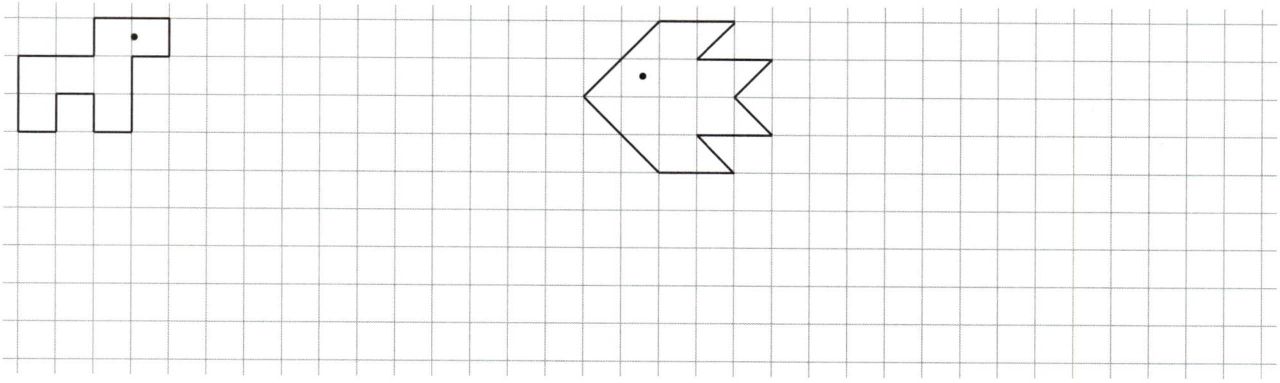

b) Vergrößere die beiden Figuren im Maßstab 4 : 1.

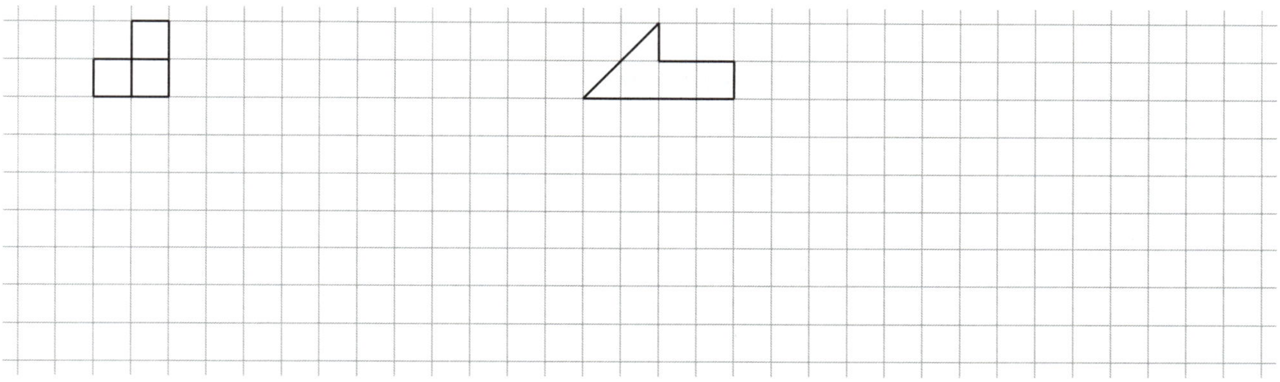

**3** Verkleinere im Maßstab a) 1 : 2 b) 1 : 4 c) 1 : 2

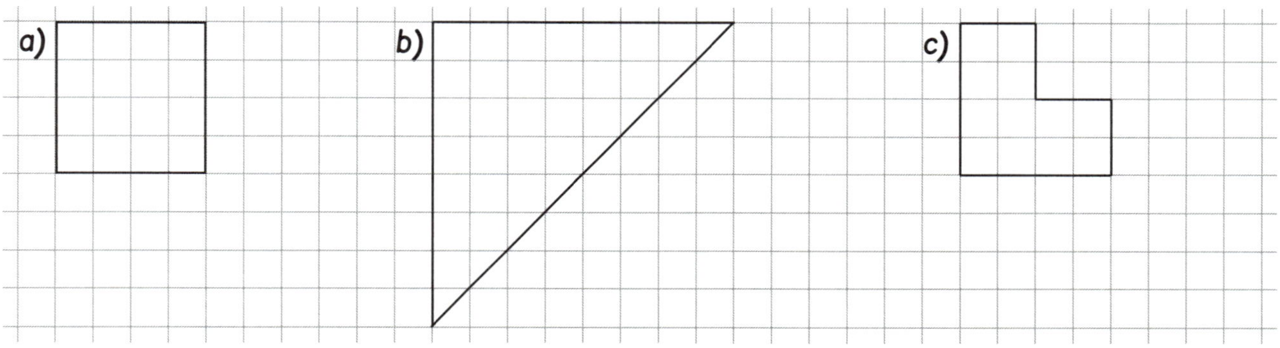


**4** Verkleinere die Zahlen im Maßstab 1 : 2 und im Maßstab 1 : 4.

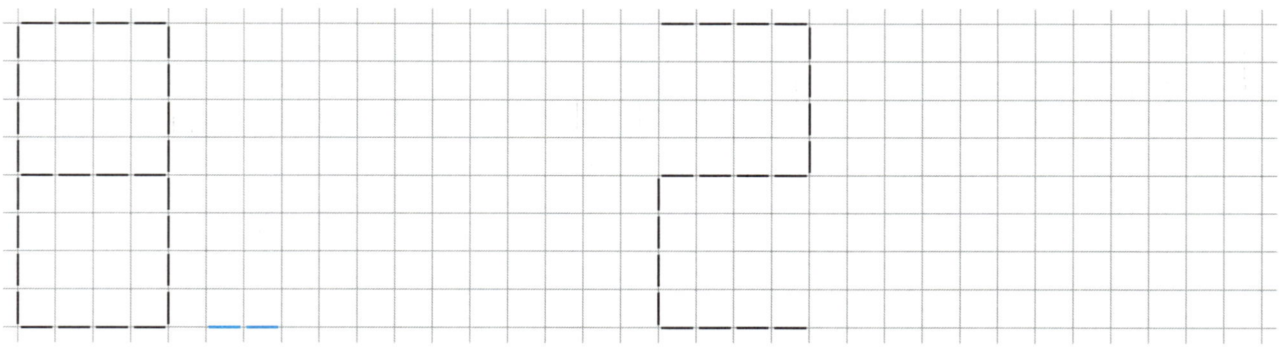

# Die neue Wohnung

zu Seite 72

**1** Herr Berger hat den Grundriss seiner neuen Wohnung aufgezeichnet.

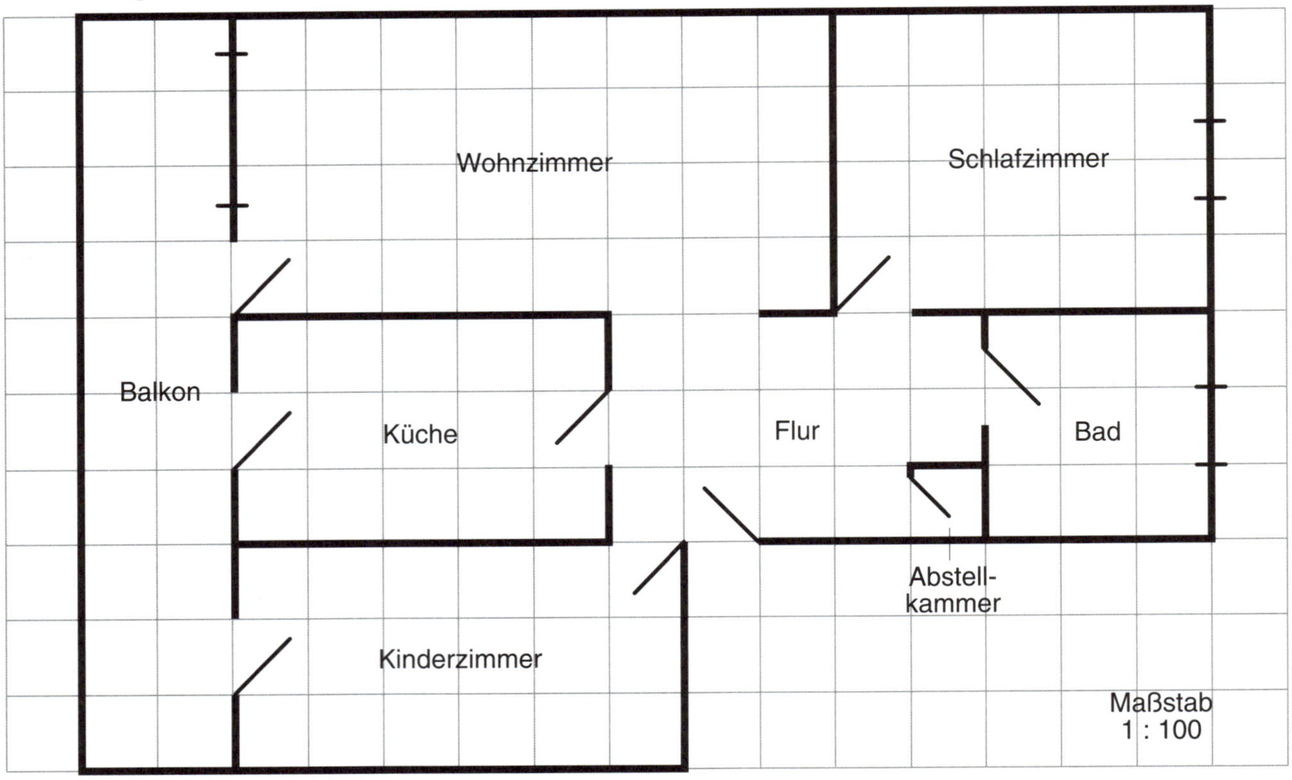


Wie lang und wie breit sind die Zimmer in der Zeichnung?
Wie lang sind sie in der Wirklichkeit?
Trage die Werte in die Tabelle ein.

| Zimmer | Grundriss | | Wirklichkeit | |
|---|---|---|---|---|
| | Länge | Breite | Länge | Breite |
| Wohnzimmer | | | | |
| Schlafzimmer | | | | |
| Küche | | | | |
| Kinderzimmer | | | | |
| Flur | | | | |
| Bad | | | | |

**2** Die Schrankwand für das Wohnzimmer ist 4 m lang und 1 m breit.

Wo könnte sie stehen? Zeichne ein. Länge im Bild: ______ cm, Breite im Bild: ______ cm.

**3** Die Platte für Tinas Modelleisenbahn ist 2 m lang und 1 m breit. Tina möchte sie an die Wand zum Balkon stellen.

Geht das? ________________________________________________

**4** Tina möchte die Größe der Wohnung feststellen. 1 Zentimeterquadrat im Bild entspricht 1 Quadratmeter.

Kinderzimmer ______ Quadratmeter      Küche ______ Quadratmeter

Wohnzimmer ______ Quadratmeter      Flur ______ Quadratmeter

Schlafzimmer ______ Quadratmeter      Bad ______ Quadratmeter

# Der Maßstab

zu Seite 70 – 72

**1** Wie groß sind die Tiere im Bild und in der Wirklichkeit? Fülle die Tabellen aus.

a) Die Tiere sind halb so groß abgebildet. b) Die Tiere sind doppelt so groß abgebildet.

| Tier | Bild | Wirklichkeit |
|---|---|---|
| Maus | | |
| Molch | | |
| Meise | | |

| Tier | Bild | Wirklichkeit |
|---|---|---|
| Maikäfer | | |
| Marienkäfer | | |
| Wespe | | |

**2** Verschiedene Maßstäbe.

a)

| 1 : 10 | |
|---|---|
| Bild | Wirklichkeit |
| 1 cm | |
| 1,5 cm | |
| 2,3 cm | |

b)

| 1 : 100 | |
|---|---|
| Bild | Wirklichkeit |
| | 200 cm |
| | 4000 cm |
| | 380 cm |

c)

| 1 : 1000 | |
|---|---|
| Bild | Wirklichkeit |
| 5,60 cm | |
| | 6200 cm |
| 0,90 cm | |

**3**

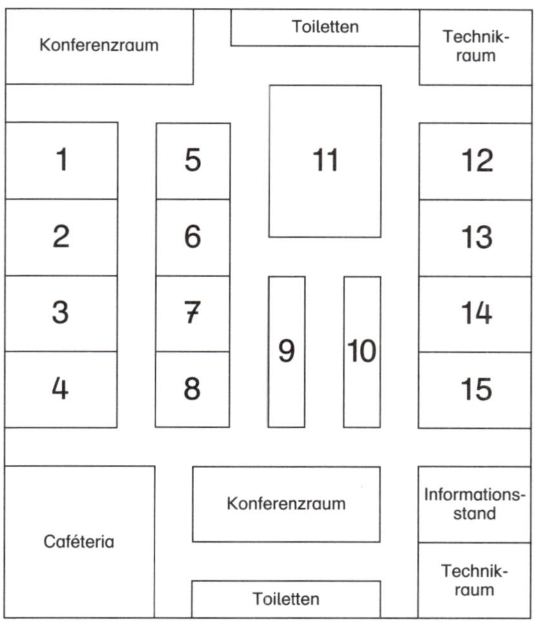


Das ist der Grundriss einer Ausstellungshalle. Maßstab ist 1 : 1000.

a) Größe der Räume in Wirklichkeit?

| Raum | Länge | Breite |
|---|---|---|
| Konferenzraum | | |
| Toiletten | | |
| Technikraum | | |
| Informationsstand | | |
| Caféteria | | |

b) Größe der Ausstellungsflächen in Wirklichkeit?

| Raum | Länge | Breite |
|---|---|---|
| 1, 2, 3, 4 | | |
| 5, 6, 7, 8 | | |
| 9, 10 | | |
| 11 | | |
| 12, 13, 14, 15 | | |

zu Seite 73

*In der Moorburg und auf Schloss Drachenstein lebten vor langer Zeit Raubritter. Kostbare Schätze hatten sie erbeutet – sie konnten aber nie genug bekommen. Aus Angst vor den Rittern von Schloss Drachenstein haben die Ritter aus der Moorburg ihre Schätze in einem Geheimgang versteckt. Der Gang ist später eingestürzt und die Schätze blieben unentdeckt. Vor einiger Zeit haben Forscher diese Karte gefunden.*

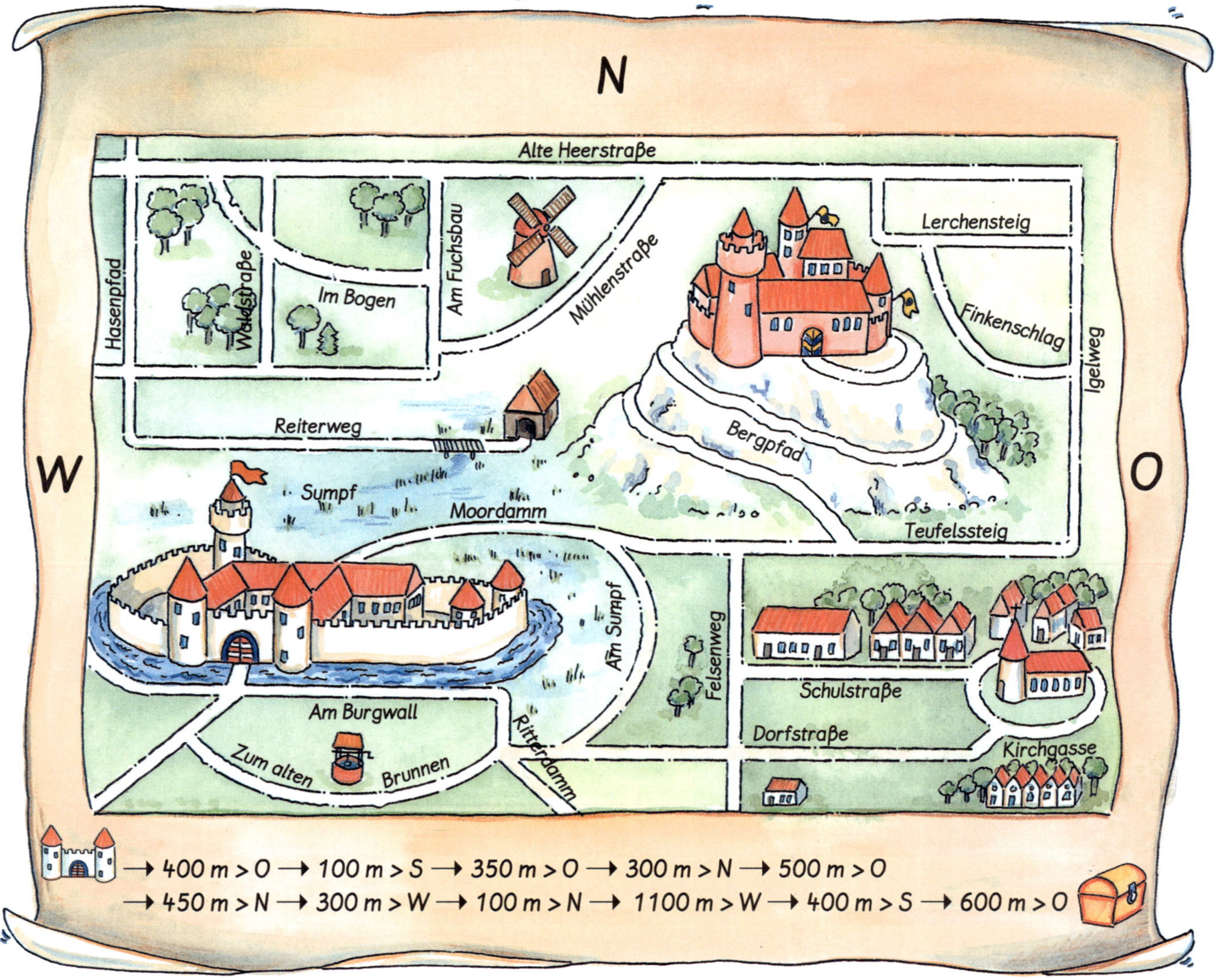


→ 400 m > O → 100 m > S → 350 m > O → 300 m > N → 500 m > O
→ 450 m > N → 300 m > W → 100 m > N → 1100 m > W → 400 m > S → 600 m > O

**1** a) Auf der Karte ist der Weg von der Moorburg zum Schatz angegeben. Trage den Weg in die Karte ein. 1 cm auf der Karte entspricht 100 m.

b) Wie lang ist der Weg? ________ m = _______ km

**2** a) Suche einen anderen Weg von der Moorburg zum Schatz. Schreibe den Weg auf.

*Burgtor – Am Burgwall –* ____________________________________________

______________________________________________________________

b) Schreibe den Weg wie auf der Karte auf. Die Karte ist im Maßstab 1 : 10 000 gezeichnet.

→ _______ → _______

c) Wie lang ist der Weg? _______ m = _______ km

# Diagramme

zu Seite 74

| | |
|---|---|
| Baden-Württemberg | 10 149 000 Einw. |
| Bayern | 11 770 000 Einw. |
| Berlin | 3 440 000 Einw. |
| Brandenburg | 2 543 000 Einw. |
| Bremen | 685 000 Einw. |
| Hamburg | 1 669 000 Einw. |
| Hessen | 5 951 000 Einw. |
| Mecklenburg-Vorpommern | 1 858 000 Einw. |
| Niedersachsen | 7 584 000 Einw. |
| Nordrhein-Westfalen | 17 722 000 Einw. |
| Rheinland-Pfalz | 3 852 000 Einw. |
| Saarland | 1 084 000 Einw. |
| Sachsen | 4 641 000 Einw. |
| Sachsen-Anhalt | 2 789 000 Einw. |
| Schleswig-Holstein | 2 680 000 Einw. |
| Thüringen | 2 546 000 Einw. |

**1** Wie viele Einwohner haben die Landeshauptstädte ungefähr?

Kiel  ____________

Hamburg 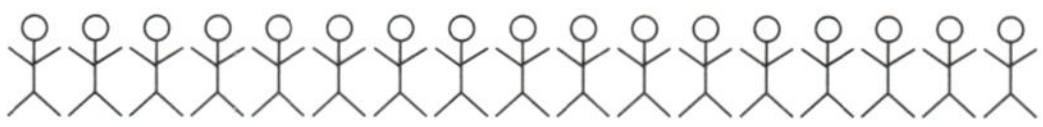 ____________

Hannover 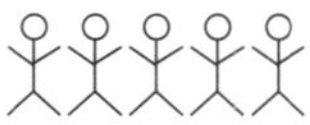 ____________

 bedeutet 100 000 Einwohner

**2** Zeichne für 1 Million Einwohner ein Strichmännchen .
Runde erst, dann überlege dir, wie viele Strichmännchen du zeichnen musst.

Berlin ____________

Niedersachsen ____________

Nordrhein-Westfalen ____________

Schleswig-Holstein ____________

**3** Kannst du die Sätze vervollständigen?

Das Land Berlin hat ungefähr so viele Einwohner wie ____________.

Bayern hat ungefähr so viele Einwohner wie ____________ und ____________ zusammen.

**4** Kannst du die Entfernungen (Luftlinie) zwischen Landeshauptstädten aus der Karte bestimmen?

| | | | | | |
|---|---|---|---|---|---|
| Kiel – Hannover | ______ | km | Düsseldorf – Potsdam | ______ | km |
| Kiel – Erfurt | ______ | km | Düsseldorf – Kiel | ______ | km |
| Mainz – Hannover | ______ | km | Stuttgart – Dresden | ______ | km |

# Diagramme

zu Seite 74

**1** Der Wasserverbrauch in Deutschland hat sich ständig vergrößert. Lies den Verbrauch für eine Person an einem Tag ab.
Zeichne ein Streifenbild zu dem Verbrauch.

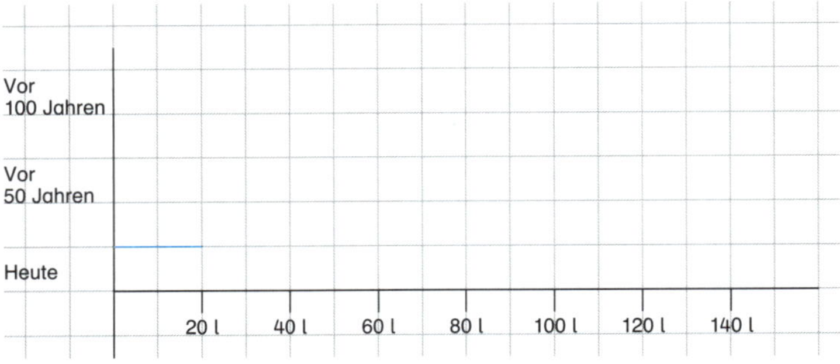


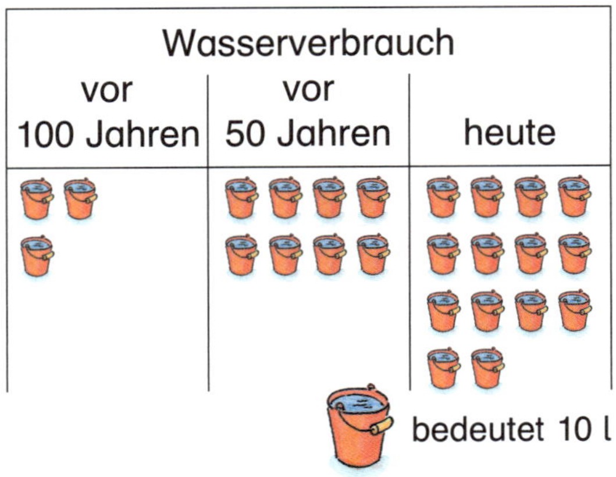


______ l ______ l ______ l

**2** a) In einer Kleinstadt leben ungefähr 10 000 Einwohner. Wie hoch ist wohl der Wasserverbrauch an einem Tag ungefähr?

Es sind ungefähr ________________ l.

b) In einer anderen Stadt leben 25000 Einwohner. Wie hoch ist hier der Wasserverbrauch an einem Tag? Vergleiche mit dem Verbrauch der Kleinstadt aus Aufgabe a).

Es sind ungefähr ________________ l.

Der Verbrauch ____________________________________________

____________________________________________________________

____________________________________________________________.

**3** Bestimme den Wasserverbrauch an einem Tag. Die Einwohnerzahlen sind gerundet.

Kiel 250 000 Einw. ______________ l

Hannover 500 000 Einw. ______________ l

Göttingen 120 000 Einw. ______________ l

Bremen 550 000 Einw. ______________ l

Bielefeld 320 000 Einw. ______________ l

Münster 260 000 Einw. ______________ l

**4** a) In jedem Jahr fällt mehr Müll an. In der Abbildung siehst du, wie viel Kilogramm Hausmüll auf jeden Einwohner entfällt.

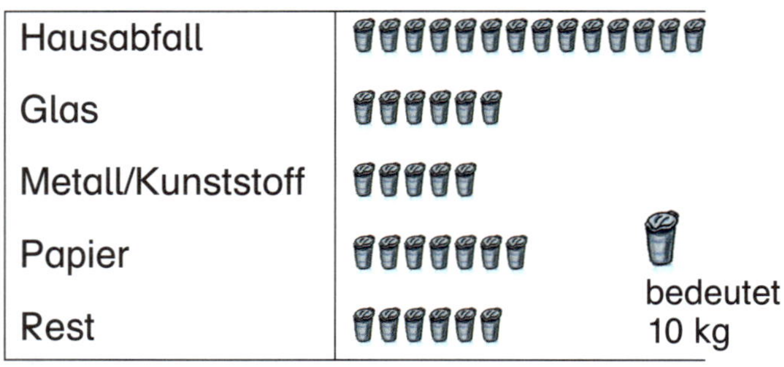


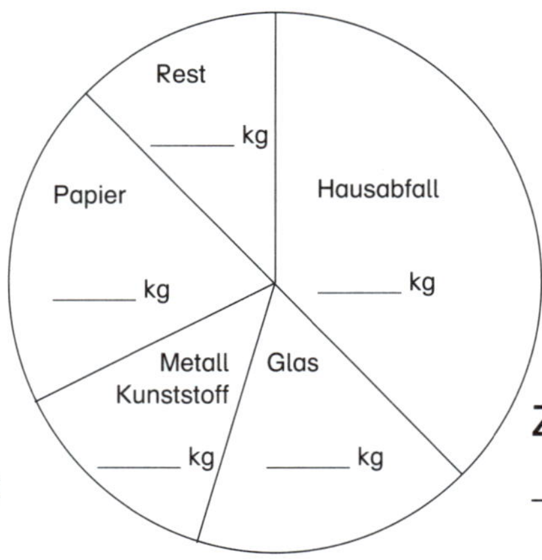


Zusammen: ________ kg

Trage das Gewicht der verschiedenen Müllsorten in das Kreisbild ein.

b) Wie viel Tonnen Hausmüll fallen ungefähr in einer Stadt an
bei 10 000 Einwohnern, bei 100 000 Einwohnern, bei 240 000 Einwohnern?

________________ t ________________ t ________________ t

# Dividieren mit Rest

zu Seite 76

**1** Eine Schule hat 1 250 Stück Tafelkreide bestellt. Der Hausmeister verteilt die Kreide gerecht an 8 Klassen. Wie viele Kreidestücke bleiben übrig?

______________________________

______________________________

**2** Rechne zuerst einen Überschlag, dann rechne im Heft. Wie heißt die Blume?

a) Ü: ____________________

78 947 : 4 = _____ Rest __

b) Ü: ____________________

36 694 : 3 = _____ Rest __

c) Ü: ____________________

12 064 : 5 = _____ Rest __

d) Ü: ____________________

50 738 : 6 = _____ Rest __

e) Ü: ____________________

37 609 : 7 = _____ Rest __

f) Ü: ____________________

8 798 : 7 = _____ Rest __

| Lösungsbuchstaben: | |
|---|---|
| Rest 1 | R |
| Rest 2 | M |
| Rest 3 | P |
| Rest 4 | I |
| Rest 5 | E |
| Rest 6 | L |

Lösungsbuchstaben: __ __ __ __ __ __

**3**

| | | | | | | | | | |
|---|---|---|---|---|---|---|---|---|---|
| 301 | 302 | 303 | 304 | 305 | 306 | 307 | 308 | 309 | 310 |
| 311 | 312 | 313 | 314 | 315 | 316 | 317 | 318 | 319 | 320 |
| 321 | 322 | 323 | 324 | 325 | 326 | 327 | 328 | 329 | 330 |
| 331 | 332 | 333 | 334 | 335 | 336 | 337 | 338 | 339 | 340 |
| 341 | 342 | 343 | 344 | 345 | 346 | 347 | 348 | 349 | 350 |
| 351 | 352 | 353 | 354 | 355 | 356 | 357 | 358 | 359 | 360 |
| 361 | 362 | 363 | 364 | 365 | 366 | 367 | 368 | 369 | 370 |
| 371 | 372 | 373 | 374 | 375 | 376 | 377 | 378 | 379 | 380 |
| 381 | 382 | 383 | 384 | 385 | 386 | 387 | 388 | 389 | 390 |
| 391 | 392 | 393 | 394 | 395 | 396 | 397 | 398 | 399 | 400 |

Kreise mit verschiedenen Farben ein.
Welche Zahlen von 301 bis 400 haben

a) beim Dividieren durch 5 den Rest 0?

b) beim Dividieren durch 5 den Rest 2?

c) beim Dividieren durch 5 den Rest 3?

d) beim Dividieren durch 2 den Rest 1?

**4** In welches Tor gehören die Bälle? Verbinde und rechne danach im Heft.

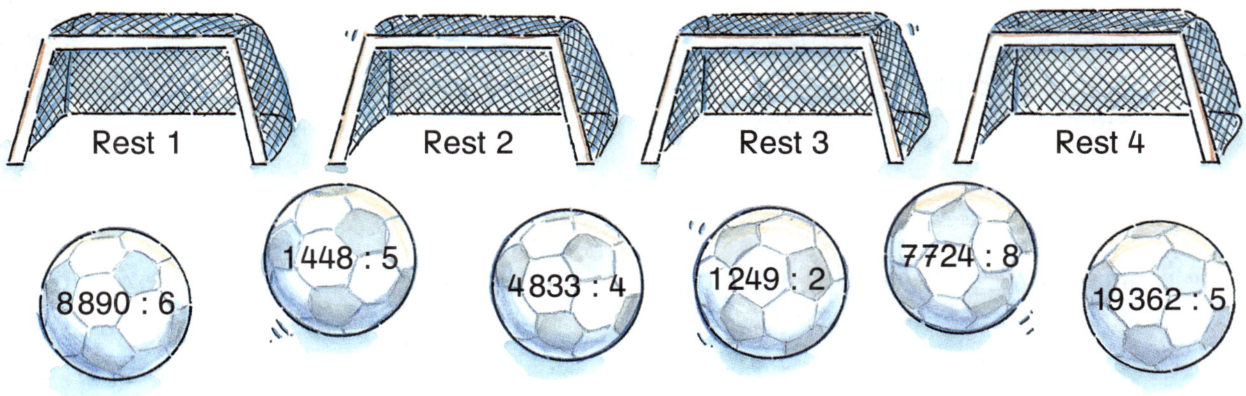

# Dividieren von Kommazahlen

zu Seite 77

**1** Pia, Laura, Maxi und Dilek kaufen ihrer Freundin zum Geburtstag eine Kette für 15,40 €.
Sie teilen sich die Kosten.
Wie viel muss jeder von ihnen bezahlen?

______________________________

______________________________

**2** a) 12,50 € : 5 = ________

45,50 € : 7 = ________

24,60 € : 6 = ________

39,60 € : 5 = ________

67,60 € : 8 = ________

b) 46,44 € : 6 = ________

51,36 € : 3 = ________

60,12 € : 9 = ________

61,28 € : 8 = ________

66,15 € : 7 = ________

**3** Herr Schneider kauft ein 75 m langes Seil.
Er möchte das Seil in 20 gleich lange Stücke schneiden.
Wie lang ist jedes Stück?

______________________________

______________________________

**4** a) 732 m : 30 = ________

514 m : 20 = ________

363 m : 60 = ________

274 m : 40 = ________

150 m : 20 = ________

b) 685,20 m : 20 = ________

228,50 m : 50 = ________

675,50 m : 70 = ________

742,50 m : 90 = ________

199,50 m : 50 = ________

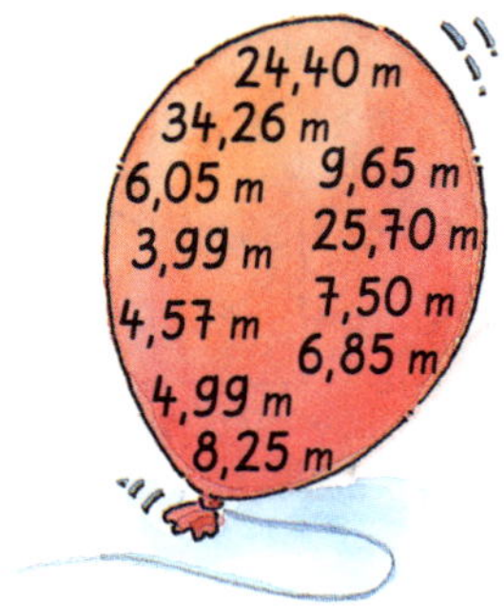


**5** Kannst du auch diese Aufgaben lösen?

a) 6,00 € : 12 = ________ €

15,00 € : 12 = ________ €

b) 3,75 € : 15 = ________ €

20,10 € : 15 = ________ €

**6** Eine Kiste mit 12 Flaschen Wasser kostet 5,88 €.
Wie teuer ist eine Flasche?
Wie kannst du den Preis berechnen?

Eine Flasche kostet ________ €.

**7** Nele hat 10 Kinder zu ihrem Geburtstag eingeladen. Die Mutter mischt einen Kinderpunsch. Sie verwendet dazu 1,5 l Apfelsaft, 0,75 l Mineralwasser, 0,75 l Orangensaft und 300 ml Kirschsaft.

# Rechnen mit Kommazahlen

zu Seite 77

**1** Für einen Ausflug in den Zoo zahlt jedes Kind 4,30 € in die Klassenkasse. In der Klasse sind 26 Kinder.

4, 3 0 · 2 6

**2** Für den Werkunterricht besorgt die Lehrerin 30 m Stoff. 1 m kostet 1,95 €.

**3** Nele kauft 4 Hefte zu je 0,85 €.

**4** Lars kauft 7 Buntstifte zu je 0,62 €.

**5** a) 1,63 € · 5 = ______
7,28 € · 3 = ______
9,41 € · 4 = ______

b) 7,21 € · 20 = ______
6,75 € · 40 = ______
3,91 € · 30 = ______

**6** Wie viel Geld müssen die Kinder bezahlen?

a) 

0, 7 3 € · 3

b) 

c) 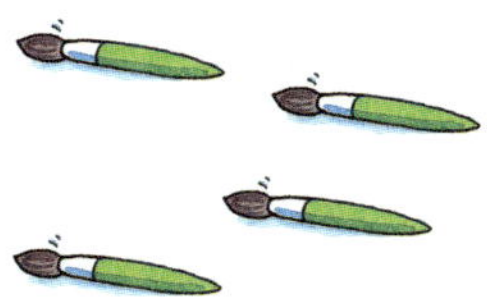

d) 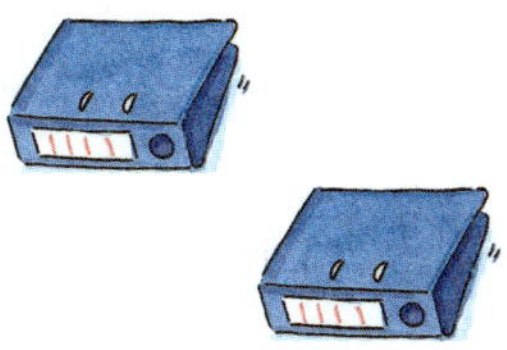

e) 

**7** a) 10 € – 3,25 € = ______ €
20 € – 9,95 € = ______ €

b) 10 € – 0,75 € = ______ €
20 € – 7,47 € = ______ €

c) 10 € + 3,25 € = ______ €
10 € – 1,45 € = ______ €

# Sachaufgaben

zu Seite 80 – 81

**1**

Wie viel kostet die Wohnung von Familie Sommer pro Person?

**2**

Die Rucksäcke für Lars, Ina und Kati haben zusammen 173,85 € gekostet.

**3**

**4**

## Sachaufgaben

zu Seite 80 – 81

**5** Neben der Ferienwohnung befindet sich eine Bananenplantage.
In einer Reihe stehen 23 Bananenpflanzen.
Insgesamt sind es 114 Reihen.

**6**

**7**

Familie Sommer kauft Trinkwasser.
Sie verbraucht jeden Tag 4 l. Welcher Einkauf ist bei 14 Tagen Aufenthalt am günstigsten?

**8** Wenn du alle Ergebnisse der Reihe nach richtig ordnest, erfährst du, welche Früchte noch auf La Gomera wachsen.

Lösungswort: ______________________

## Zum Denken, Knobeln und Rechnen

zu Seite 79

**1** Wie geht es wohl weiter? Findest du die Regel? Schreibe Sie auf.

a) 0, 2, 4, 6, ______

Regel: ______

b) 0, 1, 3, 6, 10, 15, ______

Regel: ______

c) 1, 4, 9, 16, 25, ______

Regel: ______

d) 1, 2, 3, 5, 8, 13, ______

Regel: ______

**2** a) Addiere die fünf aufeinanderfolgenden Zahlen: 4562 4563 4564 4565 4566
Dividiere die Summe durch 5. Was fällt dir auf?

Summe ______ durch 5 ______

Mir ist aufgefallen ______

b) Wähle fünf aufeinanderfolgende Zahlen und rechne wie in Aufgabe a)

Zahlen: ______

Summe ______ durch 5 ______

**3**

| | | | | |
|---|---|---|---|---|
| 65 | 33 | 28 | 67 | 34 |
| 84 | 59 | 42 | 22 | 61 |
| 91 | 64 | 37 | 18 | 81 |
| 54 | 31 | 49 | 68 | 72 |
| 70 | 55 | 25 | 16 | 27 |

Ein Spiel für kluge Köpfe.

Ein Kind bekommt rote, das andere blaue Plättchen.

- Wähle zwei Nachbarzahlen (senkrecht, waagerecht oder diagonal), multipliziere sie.
- Wer das größte Ergebnis hat, darf zwei Plättchen auf seine Zahlen legen.
- Spielt genauso weiter. Wer hat am Ende die meisten Zahlen belegt?

## Was muss ich noch üben?

**1** Fülle die Tabelle aus.

| | M | HT | ZT | T | H | Z | E | |
|---|---|---|---|---|---|---|---|---|
| 7 · 1000000 + 8 · 10000 | 7 | 0 | 8 | 0 | 0 | 0 | 0 | 7080000 |
| 3 · 10000 + 7 · 1000 + 4 · 10 + 8 · 1 | | | | | | | | ______ |
| 2 · 1000000 + 9 · 10000 + 6 · 100 + 4 · 10 | | | | | | | | ______ |
| 9 · 100000 + 8 · 10000 + 7 · 1000 + 6 | | | | | | | | ______ |
| 12 · 100000 + 7 · 10000 + 5 · 1000 + 5 · 100 | | | | | | | | ______ |

**2** Wie heißen die Nachbartausender? Unterstreiche den nächstgelegenen Tausender.

a) 54000 < 54683 < 55000

______ < 193097 < ______

______ < 285498 < ______

b) ______ < 98282 < ______

______ < 31501 < ______

______ < 6329 < ______

**3** Ordne: 54683 ~~3409~~ 5808 121206 94807 1212000 660212 9999

3409 < ______ < ______ < ______ < ______ < ______ < ______ < ______ <

**4** Ausschnitte aus einem Zahlenstrahl. Bei welchen Zahlen stehen die Fähnchen?

a)

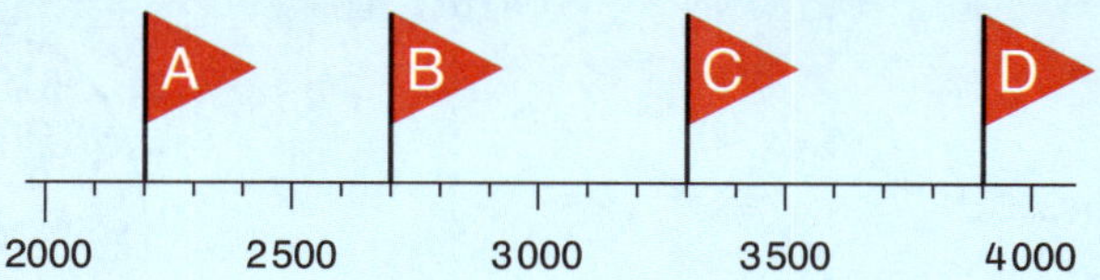


A: ______ B: ______

C: ______ D: ______

b)

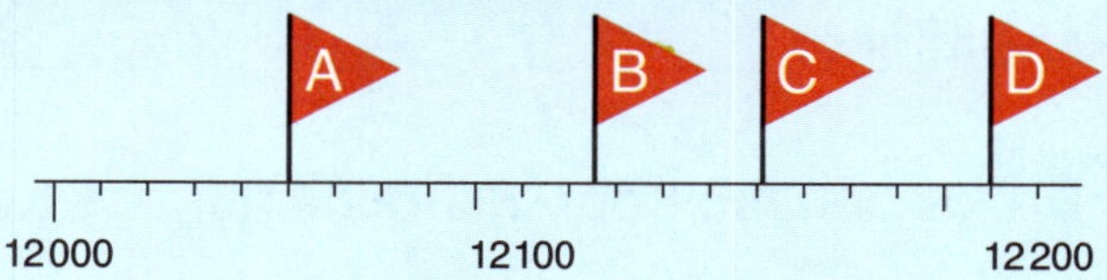


A: ______ B: ______

C: ______ D: ______

c)

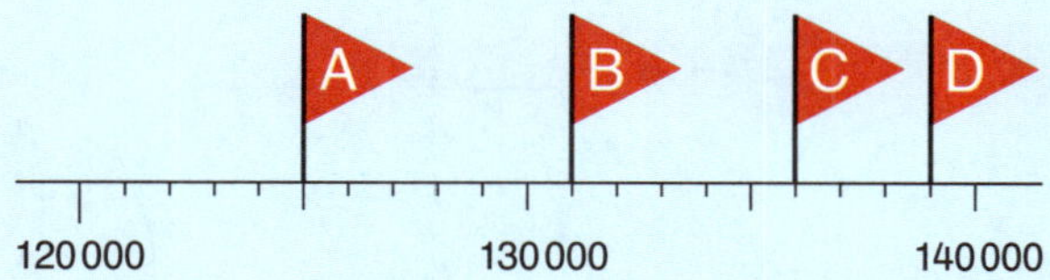


A: ______ B: ______

C: ______ D: ______

d)

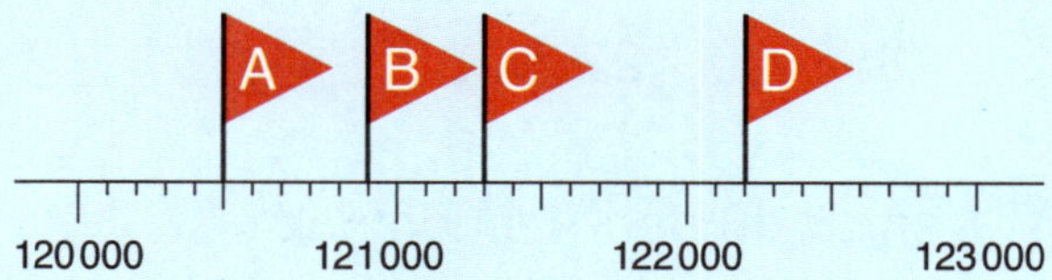


A: ______ B: ______

C: ______ D: ______

**5** Hier siehst du Ausschnitte aus einem Zahlenstrahl. Wo liegen die Zahlen ungefähr?

a) Trage ein: 21570 22300 22900 23100 23512 24998

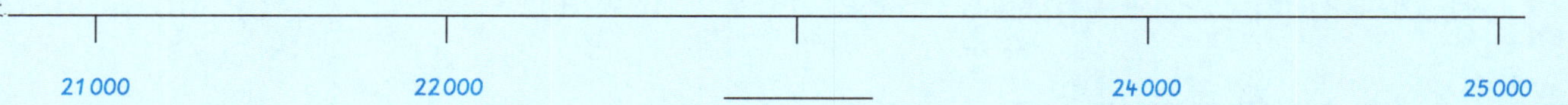


b) Trage ein: 512000, 598000, 620000, 680000, 792000, 8000000

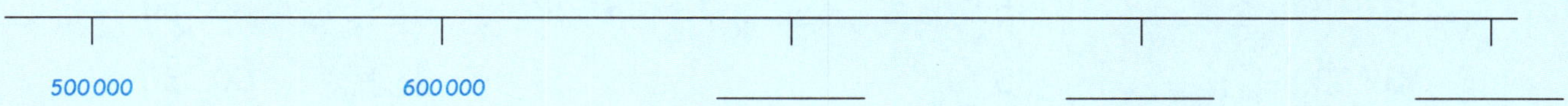

# Was muss ich noch üben?

**1** Schreibe in Meter.

a) 1 km = 1000 m b) 1,5 km = ______ m c) 1,25 km = ______ m d) $1\frac{1}{2}$ km = ______ m

2 km = ______ m 2,7 km = ______ m 3,05 km = ______ m $3\frac{1}{2}$ km = ______ m

8 km = ______ m 4,5 km = ______ m 5,12 km = ______ m $2\frac{1}{4}$ km = ______ m

**2** Schreibe mit Komma.

a) 3 100 m = 3,1 km b) 220 m = _____ km c) 9 210 m = _____ km

4 469 m = _____ km 10 m = _____ km 4 300 m = _____ km

2 834 m = _____ km 1 490 m = _____ km 234 m = _____ km

**3** Zeichne zu Ende. Bestimme den Umfang.

Quadrat

Umfang: ________

Rechteck

Umfang: ________

Quadrat

Umfang: ________

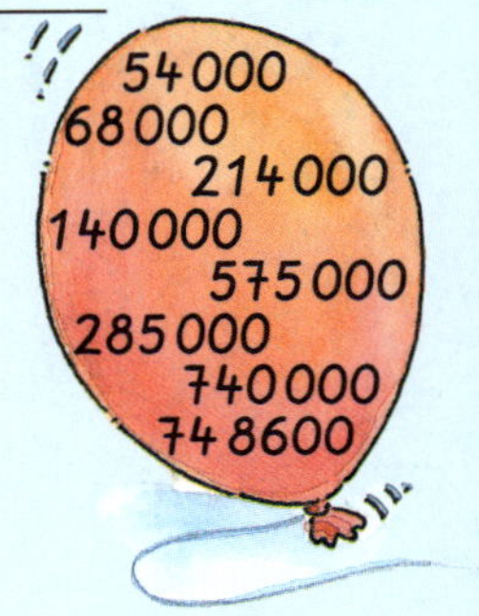


**4** Das geht im Kopf. Schreibe nur das Ergebnis auf.

a) 45 000 + 23 000 = ____________ b) 97 000 − 43 000 = ____________

230 000 + 55 000 = ____________ 192 000 − 52 000 = ____________

510 000 + 230 000 = ____________ 438 000 − 224 000 = ____________

352 000 + 223 000 = ____________ 765 000 − 16 400 = ____________

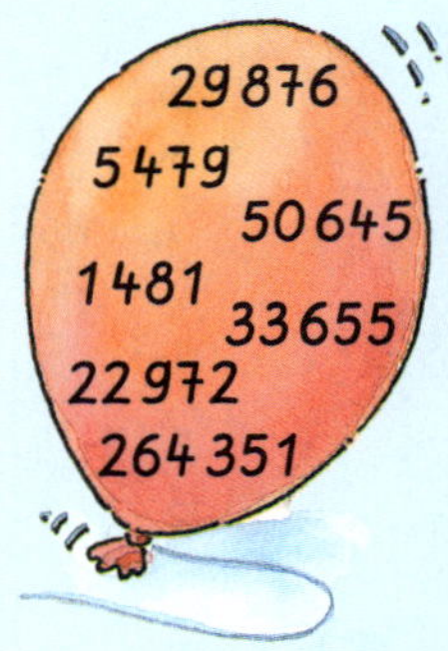


**5** Kennst du den Rechentrick?

a) 3 480 + 1 999 = ____________ b) 3 480 − 1 999 = ____________

12 973 + 9 999 = ____________ 43 654 − 9 999 = ____________

234 353 + 29 998 = ____________ 75 643 − 24 998 = ____________

**6** Wenn du alle Ergebnisse addierst, erhältst du 426 172.

a) 24 786 + 9 467 b) 48 432 + 31 628 c) 59 312 + 67 803 d) 23 152 + 43 506

e) 48 432 − 13 628 f) 94 623 − 68 435 g) 72 112 − 34 613 h) 30 596 − 11 001

**7** Das kannst du auch im Kopf.

a) 11 · 11 = _______ b) 14 · 14 = _______ c) 17 · 17 = _______ d) 20 · 20 = _______

12 · 12 = _______ 15 · 15 = _______ 18 · 18 = _______ 30 · 30 = _______

13 · 13 = _______ 16 · 16 = _______ 19 · 19 = _______ 50 · 50 = _______

## Was muss ich noch üben?

**1** Wie viel Kilogramm fehlen?

a) 850 kg + ______ kg = 1 t
225 kg + ______ kg = 1 t
520 kg + ______ kg = 1 t
413 kg + ______ kg = 1 t

b) 1 t 630 kg + ______ kg = 2 t
4 t 590 kg + ______ kg = 5 t
6 t 125 kg + ______ kg = 7 t
7 t 921 kg + ______ kg = 8 t

**2** Wandle um. Schreibe mit Komma.

a) 19 t 250 kg = 19,250 t
27 t 10 kg = ______ t
9 t 14 kg = ______ t

b) 1068 kg = ______ t
3124 kg = ______ t
999 kg = ______ t

c) $\frac{1}{4}$ t = ______ t
$\frac{1}{2}$ t = ______ t
$\frac{3}{4}$ t = ______ t

**3** Rechne im Kopf. Denke an die einfachen Aufgaben.

a)

| · | 3 | 30 | 300 |
|---|---|---|---|
| 7 | | | |
| 70 | | | |
| 700 | | | |

b)

| · | 2 | 50 | 400 |
|---|---|---|---|
| 4 | | | |
| 70 | | | |
| 900 | | | |

**4** Wenn du die Ergebnisse addierst, erhältst du die Zahl in den Kästchen.

a) 39 000 : 100 = ______
42 000 : 1000 = ______
18 000 : 600 = ______
24 000 : 2 = ______
12 462

b) 6660 : 30 = ______
56 000 : 80 = ______
48 000 : 600 = ______
24 000 : 600 = ______
1042

c) 42 000 : 70 = ______
42 000 : 700 = ______
21 000 : 70 = ______
2 100 : 700 = ______
963

**5** Kreise ein: Welche Zahlen sind …

a) keine Vielfachen von 5,
225 603 10 001 220 994 100 205 1005 36 10 000

b) Vielfache von 6,
120 18 33 15 240 126 53 490 3600

c) Teiler von 24?
2 6 5 7 4 8 1 9 10 3 12 11

**6** Wenn du die Ergebnisse addierst, erhältst du die Zahl in den Kästchen.

a) $7 \cdot 6 - 42$ = ____
$9 \cdot 10 + 20$ = ____
$54 - 260 : 10$ = ____
$96 + 9 \cdot 6$ = ____
288

b) $8 \cdot 2 - 15$ = ____
$372 : 6 + 91$ = ____
$525 : 5 - 14$ = ____
$336 : 8 + 8$ = ____
295

c) $3 \cdot 24 - 19$ = ____
$9 \cdot 12 + 32$ = ____
$338 - 6 \cdot 54$ = ____
$998 - 144 : 4$ = ____
1169

# Was muss ich noch üben?

**1** Wandle um.

a) 1200 ml = 1,2 l

800 ml = ______

1650 ml = ______

b) 1,25 l = ______ ml

0,37 l = ______

4,05 l = ______

c) $\frac{1}{4}$ l = ______ l

$\frac{1}{2}$ l = ______ l

$\frac{3}{4}$ l = ______ l

**2** In eine Kaffeetasse passen 125 ml. Wie viel Liter Kaffee brauchst du für 10 Tassen? Löse die Aufgaben mit der Tabelle.

| Tassen | 1 | 2 | 3 | 4 | 5 | 6 | 7 | 8 | 9 | 10 |
|---|---|---|---|---|---|---|---|---|---|---|
| Kaffee | | | | | | | | | | |

Antwort: Für 10 Tassen brauche ich ______ l Kaffee.

**3** Schreibe immer einen Überschlag auf. Rechne im Heft.

a) 1423 · 2 = ______
Ü: ______

b) 4823 · 3 = ______
Ü: ______

c) 9812 · 6 = ______
Ü: ______

d) 6082 · 4 = ______
Ü: ______

e) 4209 · 3 = ______
Ü: ______

f) 7849 · 5 = ______
Ü: ______

g) 1926 · 4 = ______
Ü: ______

h) 5546 · 9 = ______
Ü: ______

i) 2385 · 6 = ______
Ü: ______

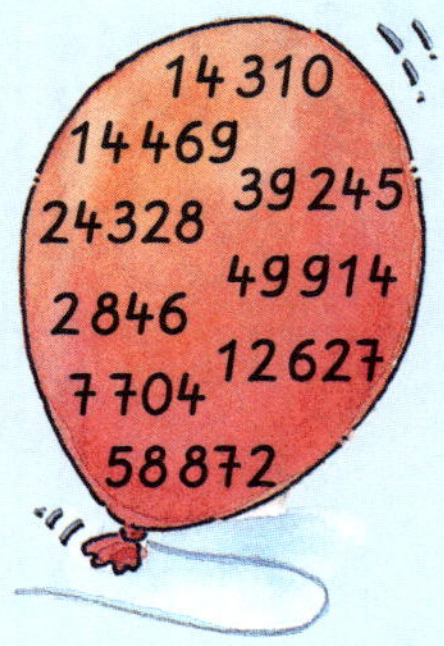


**4** Ordne die Ergebnisse der Größe nach. Dann erhältst du Einsteins Lieblingszahl.

a) 1630 : 5 **D**
4781 : 7 **E**

b) 5364 : 9 **Z**
3704 : 4 **N**

c) 6328 : 8 **H**
1197 : 3 **R**

d) 3384 : 6 **I**
1108 : 2 **E**

______________________________________________

**5**

a) Wie groß ist die Entfernung zwischen

Aussichtsturm – Jugendherberge ______

Burg – Wanderhütte ______

Parkplatz – Burg ______

Parkplatz – Aussichtsturm ______

b) Wie lange wird Frau Schmidt wohl brauchen, wenn sie von der Jugendherberge bis zur Burg joggt? Sie läuft in 10 min 2000 m.

## Symmetrie

Symmetrische Figuren

Zeichne Symmetrieachsen ein. Gibt es mehr als eine Symmetriachse?

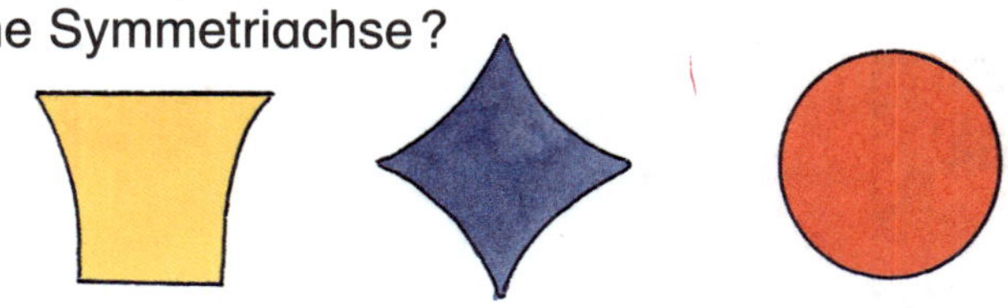

Ergänze so, dass symmetrische Figuren entstehen.

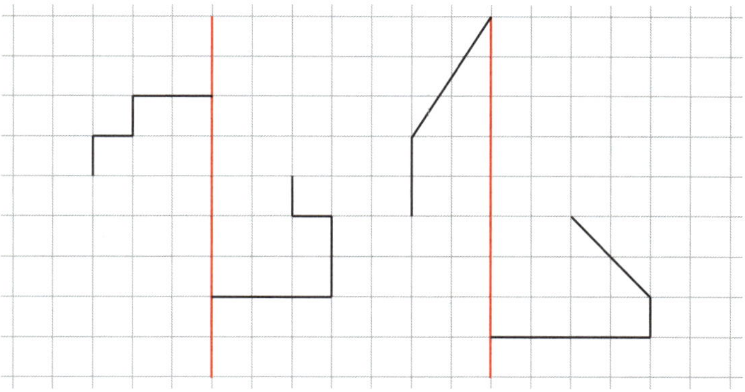

# Mein Mathemerkheft
## – was ich alles gelernt habe –

**Name**

______________________________

## Flächenformen

Dreieck 

Viereck 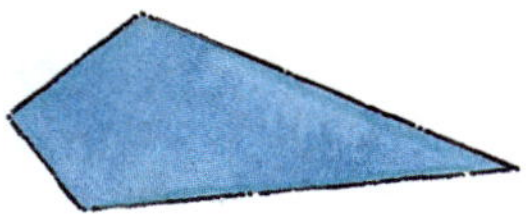

Quadrat ist ein Viereck mit

4 ____________________ Seiten und

4 ____________________ Winkeln.

Rechteck ist ein Viereck mit

4 ____________________ Winkeln

Die gegenüberliegenden Seiten

sind ____________________ .

Kreis

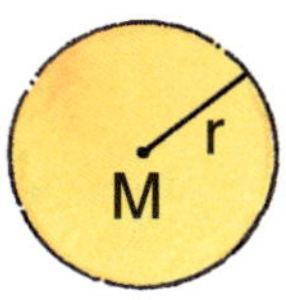


M ist der ____________________

r ist der ____________________



## Subtraktion

- Vieles rechne ich im Kopf.

| | |
|---|---|
| 9 – 3 = ______ | 70 – 20 = ______ |
| 900 – 300 = ______ | 7000 – 2000 = ______ |
| 3528 – 299 = ______ | 702 – 698 = ______ |

- Welche Aufgaben rechne ich noch im Kopf?

- Beim schriftlichen Rechnen zuerst einen Überschlag und zum Schluss die Probe.
  8402 – 3749    Ü: 8000 – 4000 = 4000
  Beim schriftlichen Rechnen beginne ich mit der Einerstelle.

## Addition

- Vieles rechne ich im Kopf.

4 + 5 = ______  70 + 20 = ______

400 + 500 = ______  7000 + 2000 = ______

4325 + 199 = ______  2584 + 399 = ______

- Welche Aufgaben kann ich noch im Kopf rechnen?

- Beim schriftlichen Rechnen zuerst einen Überschlag!
7385 + 3216  Ü: 7000 + 3000 = 10000
Beim schriftlichen Rechnen beginne ich mit der Einerstelle.

| | | | | | |
|---|---|---|---|---|---|
| | | 7 | 3 | 8 | 5 |
| + | | 3 | 2 | 1 | 6 |
| | | | | 1 | 1 |
| 1 | 0 | 6 | 0 | 1 | |

6 + 5 = 11
1 + 1 + 8 = 10
1 + 2 + 3 = 6
3 + 7 = 10

## Körperformen

**Würfel**
8 Ecken
________ Kanten, ________ Flächen,
alle Seitenflächen sind gleich groß.

**Quader**
8 Ecken
________ Kanten, ________ Flächen,
gegenüberliegende Seitenflächen sind gleich groß.

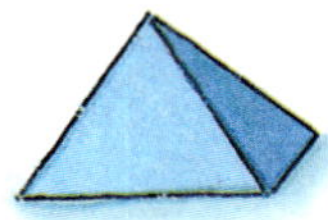

________________________ .
________________________

________________________
________________________



## Multiplikation

- Schreibe als Malaufgabe und rechne aus.

5 + 5 + 5 + 5 + 5 = ________ = ______

25 + 25 + 25 + 25 = ________ = ______

- Die Einmaleinsreihen muss man können.
Einige Aufgaben zur Kontrolle.

4 · 7 = ______  8 · 8 = ______  7 · 9 = ______

8 · 7 = ______  6 · 4 = ______  9 · 6 = ______

6 · 6 = ______  9 · 9 = ______  7 · 7 = ______

- Beim schriftlichen Multiplizieren zuerst einen Überschlag.
473 · 76  Ü: 500 · 80 = 40000

| | | | | | |
|---|---|---|---|---|---|
| 4 | 7 | 3 | · | 7 | 6 |
| | 3 | 3 | 1 | 1 | |
| | | 2 | 8 | 3 | 8 |
| | 3 | 5 | 9 | 4 | 8 |

Die Überträge muss man sich gut merken.

## Maßstab

2 : 1  2 cm im Bild entsprechen 1 cm in der Wirklichkeit.
Die Büroklammer ist in Wirklichkeit
______ cm groß.

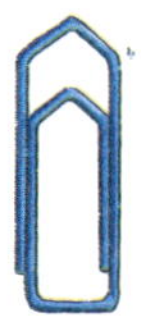

1 : 2  1 cm im Bild entsprechen 2 cm in der Wirklichkeit.
Das Gänseblümchen ist in Wirklichkeit
______ cm groß.

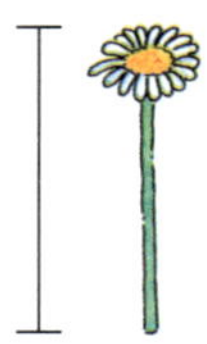

1 : 10  1 cm im Bild entsprechen ______ cm in der Wirklichkeit.
Der Stift ist in Wirklichkeit
______ cm groß.

## Das muss ich mir merken

2 · 5 = 10
20 · 5 = 100
5 · 20 = 100
2 · 50 = 100

2 · 500 = 1000
5 · 200 = 1000
2 · 500000 = 1000000
5 · 200000 = 1000000

4 · 25 = 100
4 · 250 = ______
4 · 2500 = ______
4 · 25000 = ______

8 · 125 = 1000
8 · 1250 = ______
8 · 12500 = ______
8 · 125000 = ______

100 : 2 = ______
100 : 5 = ______
100 : 4 = ______

1000 : 2 = ______
1000 : 5 = ______
1000 : 4 = ______

100000 : 5 = ______
100000 : 4 = ______
1000000 : 8 = ______

## Gewicht

1 g 1 Cent-Stück
100 g 1 Tafel Schokolade
1 kg *1 Packung Zucker oder Mehl*
1 t 1 Personenauto
1 kg 1000 g
1 t 1000 kg

Gib in kg an.
2350 g = 2,350 kg
908 g = ______ kg
590 g = ______ kg

1480 g = ______ kg
58 g = ______ kg
5 g = ______ kg

Tonne (t) und Kilogramm (kg).
2,5 t = ______ kg
15 t = ______ kg
1,5 t = ______ kg

7300 kg = ______ t
850 kg = ______ t
500 kg = ______ t

Ich wiege ______________ .



## Unser Geld: Euro und Cent

Wie viel Euro?

______ €

______ €

Wie viel Cent?

______ ct

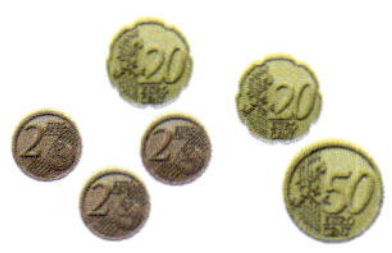

______ ct

Kommaschreibweise bei Geld.
4 Euro 52 Cent sind 4,52 €.
Wie viel Cent?

2,59 € = ______ ct
102 € = ______ ct

3,07 € = ______ ct
0,75 € = ______ ct

Wie viel Euro?

127 ct = ______ €
63 ct = ______ €

207 ct = ______ €
5 € 7 ct = ______ €



## Zeit

1 Jahr hat ______ Monate.

Januar, Februar, März, April, Mai,

______, ______________________________

______________________________________ .

1 Monat hat ______________________________

______________________________ Tage.

1 Tag hat ______ Stunden.

1 Stunde hat ______ Minuten.

$\frac{1}{2}$ h = ______ min $\frac{1}{4}$ h = ______ min

1 Minute hat ______ Sekunden.

1 min 15 s = ______ s

240 s = ______ min

Für meinen Schulweg benötige ich ______ .

# Rauminhalt

1 l = 1000 ml $\frac{1}{2}$ l = 500 ml $\frac{1}{4}$ l = 250 ml

1 ml 5 Wassertropfen

100 ml 1 kleines Saftglas 

1 l ______________________________

100 l 1 Faβ

Wie viele Würfel passen in die Schachtel?

______________ Würfel



# Division

- Malaufgaben helfen beim Lösen von Divisionsaufgaben.
  28 : 7 = 4, denn 7 · 4 = 28

  56 : 8 = ___ , denn ________________

- Diese Aufgaben kann ich im Kopf, weil ich das Einmaleins kann.

  72 : 8 = ______ 56 : 7 = ______ 35 : 5 = ______

  36 : 9 = ______ 48 : 6 = ______ 27 : 3 = ______

- Beim schriftlichen Dividieren zuerst einen Überschlag und zum Schluss die Probe.
  16 136 : 8 Ü: 16 000 : 8 = 2 000

```
16136 : 8 = 2017
16↓↓
 013
   8
  56
  56
   0
```

Probe:

```
2017 · 8
 16136
```



# Längen

1 mm Dicke einer Bleistiftspitze

1 cm Breite meines Fingers

10 cm = 1 dm ______________________

1 m Tafellineal, __________________________

100 m _________________________

1 km _________________________

1 km = 1000 m

1 m = ______ dm

1 m = ______ cm

1 dm = ______ cm

1 cm = ______ mm

Um 1 km zu laufen benötige ich _________ min.



- Aufgabenfamilien – 3 Zahlen – vier Aufgaben

| | |
|---|---|
| 4 + 7 = 11 | 35 + __________ |
| 7 + 4 = ______ | __________ |
| 11 – 4 = ______ | __________ |
| 11 – 7 = ______ | __________ |

| 28 / 4, 7 | 56 / 7 |
|---|---|
| 4 · 7 = 28 | ________ |
| 7 · 4 = ____ | ________ |
| 28 : 4 = ____ | ________ |
| 28 : 7 = ____ | ________ |